# Fátima Mesquita

# Ana Tomia
## Um passeio divertido pelo corpo humano

ilustrações Fábio Sgroi

PANDA BOOKS

Texto © Fátima Mesquita
Ilustração © Fábio Sgroi

Direção editorial
Marcelo Duarte
Patth Pachas
Tatiana Fulas

Gerente editorial
Vanessa Sayuri Sawada

Assistentes editoriais
Henrique Torres
Laís Cerullo
Samantha Culceag

Projeto gráfico e capa
Fábio Sgroi

Diagramação
Verbo e Arte Comunicação

Revisão técnica
Laura Pires

Preparação
Mayara Freitas

Revisão
Vanessa Oliveira Benassi
Tássia Carvalho

Fotos
*P. 7: microscópio © DCStudio/Freepik; p. 15: cabelo © Lauren Holden/Wellcome Collection/CC BY-SA 4.0; unha © dr. Thanuja Perera/Wellcome Collection/CC BY-SA 4.0; p. 18: osso © Steve Gschmeissner/Science Photo Library/Fotoarena; p. 24: músculo estriado cardíaco e estriado esquelético © José Luis Calvo/Shutterstock; músculo liso © Choksawatdikorn/Shutterstock; p. 53 e 54: cérebro © Jesada Sabai/Shutterstock.*

Impressão
Coan

---

CIP-BRASIL. CATALOGAÇÃO NA PUBLICAÇÃO
SINDICATO NACIONAL DOS EDITORES DE LIVROS, RJ

M544a

Mesquita, Fátima
 Ana Tomia: um passeio divertido pelo corpo humano / Fátima Mesquita; ilustração Fábio Sgroi. – 1. ed. – São Paulo: Panda Books, 2023.
 72 p.: il.; 25 cm.

ISBN 978-65-5697-292-3

1. Ficção. 2. Literatura infantojuvenil brasileira. I. Sgroi, Fabio. II. Título.

23-84326
CDD: 808.899282
CDU: 82-93(81)

Gabriela Faray Ferreira Lopes – Bibliotecária – CRB-7/6643

---

2023
Todos os direitos reservados à Panda Books.
Um selo da Editora Original Ltda.
Rua Henrique Schaumann, 286, cj. 41
05413-010 – São Paulo – SP
Tel./Fax: (11) 3088-8444
edoriginal@pandabooks.com.br
www.pandabooks.com.br
Visite nosso Facebook, Instagram e Twitter.

Nenhuma parte desta publicação poderá ser reproduzida por qualquer meio ou forma sem a prévia autorização da Editora Original Ltda. A violação dos direitos autorais é crime estabelecido na Lei nº 9.610/98 e punido pelo artigo 184 do Código Penal.

Este livro é dedicado ao Zeca, um pâncreas de segunda mão que a minha queridaça prima Monquinha ganhou e usou com muito carinho e atenção – dando até nome a ele. E aproveito aqui para mandar um *agraço* (que é um abraço de agradecimento, hehehe) ao primeiro proprietário do Zeca e à sua família, que, por generosidade em um grau máximo, deram pra gente, via doação para transplante, a chance de viver mais e mais anos de alegria e risadas com a Monquinha.

# SUMÁRIO

Introdução ............................................................................................. 7

ROTEIRO 1  |  O espetacular sistema tegumentar ........................... 11

ROTEIRO 2  |  O atlético sistema esquelético .................................. 17

ROTEIRO 3  |  Brincar no playground muscular .............................. 23

ROTEIRO 4  |  O circular chamado cardiovascular .......................... 29

ROTEIRO 5  |  Um observatório para o sistema respiratório ......... 33

ROTEIRO 6  |  O notório duo digestório/excretório ........................ 39

ROTEIRO 7  |  Opa! Não importune o sistema imune! .................. 45

ROTEIRO 8  |  O gracioso sistema nervoso ...................................... 51

ROTEIRO 9  |  O exótico sistema endócrino .................................... 57

ROTEIRO 10 |  O multiplicativo sistema reprodutivo ..................... 61

Faça já o seu PUM! ............................................................................. 66

Ponto mais que final .......................................................................... 69

A autora ............................................................................................... 70

O ilustrador ......................................................................................... 71

# INTRODUÇÃO

**B**em-vindo, meu queridão! Bem-vinda, minha queridona! Eu sou a Ana, proprietária da agência de viagens Ana Tomia, e estou muito contente com a oportunidade de apresentar a você alguns dos roteiros mais maneiros que o corpo humano oferece.

Não sei se você está sabendo que o meu nome tem a ver com a palavra **anatomia**, que é a ciência que nos revela como é a estrutura do corpo. A anatomia gosta de andar por aí de mãos dadas com a **fisiologia**, que estuda como o corpo — no todo ou em partes — funciona. As rotas da Ana Tomia focam bem mais os componentes do corpo humano e muito menos seu funcionamento. Acho que você vai curtir isso!

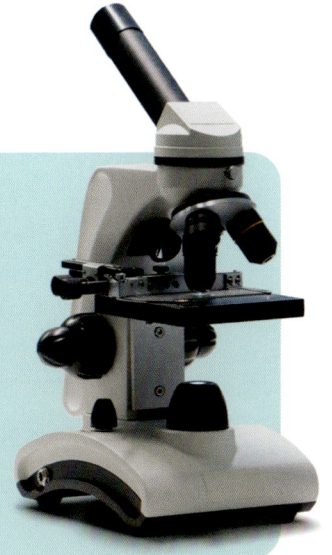

O microscópio é uma maquineta que nos ajuda a ver coisas bem pequenas, invisíveis a olho nu. Com uma versão mais recente e potente desse dispositivo, os cientistas conseguem observar até mesmo pedaços de átomos!

Agora, para que você possa aproveitar total o nosso material, quero adiantar alguns pequenos detalhes que são enormemente legais, mas que só dão as caras quando a gente aperta um botão e *zastrum!*, liga um **microscópio**. Esse aparato nos dá a chance de encarar os elementos básicos da construção de tudo quanto é parte do nosso corpo.

Tudo o que existe é feito de átomos. Sapato, gente, ar, cheiro, comida... E quando dois ou mais deles se grudam, esse agarrado é uma molécula. Pode ser que umas tantas e tantas moléculas se reúnam e formem as células, que são uma marca registrada dos seres vivos.

No total, somos feitos da soma de uns 40 bilhões de células. Repare aí quantos zeros têm que vir depois do quatro para a conta chegar a 40 bilhões:

## 40.000.000.000

FASES DA CONSTRUÇÃO DO SEU CORPO

- ORGANISMO
- SISTEMAS
- ÓRGÃOS
- TECIDOS
- CÉLULAS
- MOLÉCULAS
- ÁTOMOS

Mas nem toda célula é igual. Temos no nosso corpo faceiro uns duzentos tipos delas. E em cada um as moléculas fizeram combinações diferentes, de modo a compor células com estilos, funções e competências próprias.

Algumas células de mesmo aspecto (ou que são grandes amigas de células de outros tipos) costumam se aglomerar, formando **tecidos** – não confunda isso com um pedaço de pano, certo?

As células epiteliais chegam juntas umas das outras e criam o **tecido epitelial**. A nossa pele é um tipo de tecido epitelial em ação.

Um dos nossos tecidos musculares é uma coleção de células arretadas que dão conta de contrair e expandir, tornando possível que a gente mova um braço para colocar um pastel na boca e mastigue essa delícia.

Diferentes tecidos também podem se juntar, dando origem a um **órgão**. Seu cérebro, seu coração e seus pulmões são alguns exemplos de órgãos.

Quando os estudiosos começaram a entender a função de cada órgão, eles sacaram que aquela tranqueirada toda estava organizada em **sistemas** que trabalham com tarefas que se complementam. Notaram também que, na prática, é tudo muito junto e misturado. Então, fique ligado nisso, porque muitas vezes um órgão vai entrar em um sistema e fazer uns bicos em outro.

É possível que você trombe por aí, em conversas ou livros, com nomes diferentes para um mesmo sistema. Não estranhe! Siga adiante! O importante mesmo é entender onde fica cada coisa e um pouco do que cada parte está fazendo ali. Essas informações podem te ajudar a se conhecer melhor, e espero que isso sirva de incentivo para você tratar sempre muito bem do seu corpo, mesmo que ele dê umas falhadas aqui e ali.

Bora começar nossa viagem?

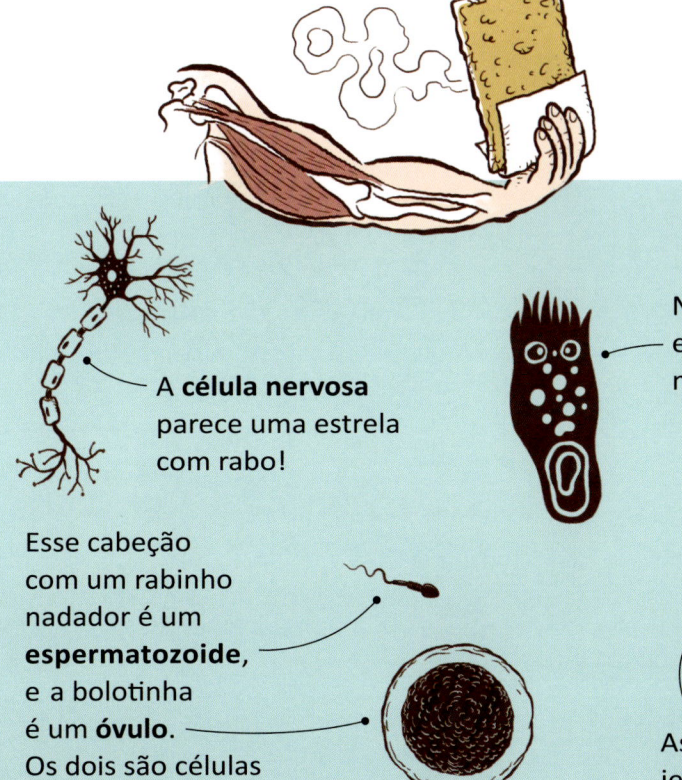

A **célula nervosa** parece uma estrela com rabo!

Esse cabeção com um rabinho nadador é um **espermatozoide**, e a bolotinha é um **óvulo**. Os dois são células de reprodução dos humanos.

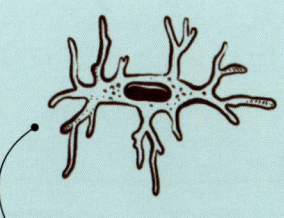

No nosso **intestino**, existem estas células tipo monstregueira fofa.

As células dos **ossos** têm um jeitão de ovo frito cheio de raminhos nas beiradas.

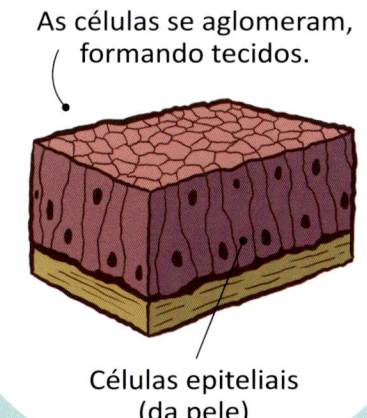

As células se aglomeram, formando tecidos.

Células epiteliais (da pele)

## ROTEIRO 1

# O ESPETACULAR SISTEMA TEGUMENTAR

**R**espeitável público, temos o prazer de lhes apresentar o espetacular picadeiro do sistema tegumentar, que, na sinceridade, é um grande conhecido seu, mesmo que carregue esse título esquisitão.

É que a ciência recorre demais ao latim, uma língua morta. Ou usa e abusa de outro idioma também já falecido: o grego antigo. Com essa dupla, os cientistas bolam nomes que muitas vezes soam complicados, e/ou até engraçados, mas que têm um lado prático, porque assim fica mais fácil para as pessoas de qualquer lugar do planeta se entenderem.

O **sistema tegumentar** é como uma lona de circo, com uns adendos especiais. Fazem parte dele os pelos e o cabelo, as unhas, umas glândulas e uns nervos especializados, além de, sobretudo, a pele, que, apesar de não parecer, é um órgão do nosso corpo. E que órgão jeitosão!

TEGUMENTAR VEM DO LATIM LÁ DOS ROMANOS DA ANTIGUIDADE, QUE DIZIAM **"TEGUMENTUM"** QUANDO FALAVAM DE QUALQUER TIPO DE **COBERTURA**.

MAIS **TEGUMENTUM** DE CHOCOLATE, POR FAVOR.

GLACIES CREPITO

Essa danadinha da pele representa mais ou menos 16% do seu peso e é o maior órgão que você tem. Ela mantém nossas partes internas onde devem ficar – no interior do corpo, né? –, garantindo ainda uma boa dose de **proteção** a tudo o que carregamos dentro da gente. Além disso, esse orgãozão trabalha como espião, fazendo uma poderosa **coleta de informações** sobre o mundo ao nosso redor, e, por fim, nos ajuda a **regular a nossa temperatura**.

A pele é um circo badalado que tem três andares: a epiderme, a derme e a hipoderme. Essa última aí é também chamada de camada subcutânea e é, pra valer, uma espécie de tapetão de gordura. Por isso, neste nosso passeio, vamos nos concentrar mais nos dois andares de cima.

### DIFERENTONA

A pele não é igualzinha em tudo quanto é centímetro do seu corpo. É mais grossa na sola dos pés, por exemplo, e bem fininha nas pálpebras. Ela também capricha mais no número e estilo de certas coisas em diferentes regiões do corpo: no cocuruto da cabeça, ela tem mais pelo; na palma da mão, não tem nem unzinho. E por aí vai...

UMA PESSOA QUE PESA 50 QUILOS TEM, SÓ DE PELE, UNS 8 QUILOS (PORQUE 16% DE 50 É IGUAL A 8).

A PALAVRA "DERME" VEM DO GREGO "DERMA". NESSA MESMA LÍNGUA, "EPI" QUER DIZER "SOBRE" E "HIPO" SIGNIFICA "POSIÇÃO INFERIOR" OU "ESCASSEZ". VEJA COMO ISSO FICA NO QUADRO AO LADO.

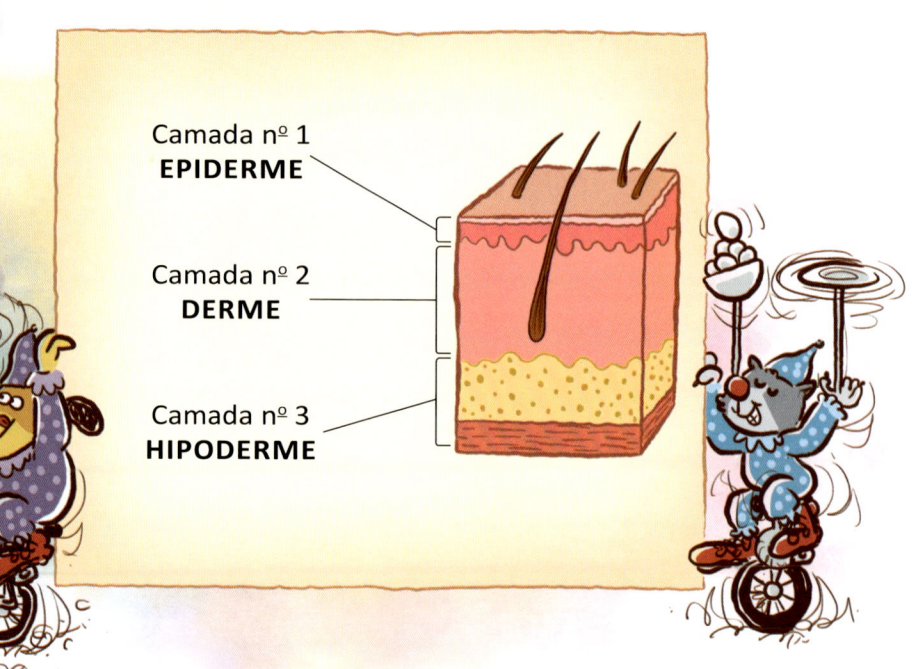

Camada nº 1 **EPIDERME**

Camada nº 2 **DERME**

Camada nº 3 **HIPODERME**

## FREQUENTADORES DO CIRCO

O **colágeno** está sempre dando as caras por aqui. Ele garante um efeito de trampolim à pele, uma certa elasticidade. Quando uma pedrinha nos acerta, a pele se estica um tiquinho, absorvendo a pancada. Quando a gente faz pressão com o dedo em uma área qualquer dela, dá para notar esse mesmo efeito especial em ação.

A **queratina** é outra que ama viver na região do sistema tegumentar. Ela é uma proteína que encapa as células da camada nº 1 da pele e faz a gente ser à prova d'água. Além disso, esses pacotinhos celulares ficam todos bem ajeitados uns em cima dos outros, para garantir um certo grau de firmeza à nossa embalagem.

A **melanina** gosta de ostentar a sua presença espetacular colorindo a pele da gente. Quanto mais melanina temos, mais escura é a nossa pele. Quanto menos melanina possuímos, mais clara a pele fica. Porém se engana quem pensa que essa bonitinha é só um sofisticado lápis de colorir, porque sua função é barrar, pelo menos um pouco, os raios ultravioletas (UV) do Sol, que podem causar doenças e problemas nos seres humanos.

## ATRAÇÕES

Você já viu um faquir? Em alguns circos, eles aparecem deitados em cima de uma cama de pregos. Ai, ai, ai. Não sei qual é o truque desses caras, porque a pele está ligadaça a várias **terminações nervosas** que são mensageiras de dor, toque, pressão e temperatura.

Esses terminais detectam uma enorme quantidade de coisas ao nosso redor: o tecido da nossa roupa, a mosca que pousa nas nossas costas, uma pessoa que pega no nosso braço, um chutinho de leve que levamos na canela, o frio de um cubo de gelo que pegamos com os dedos... Então é difícil demais imaginar como o faquir consegue acalmar as terminações nervosas dele.

Mas nem pense em tentar imitar, porque você vai é se machucar e sentir muita dor!

Outra atração do Circo Tegumentar são as **glândulas sudoríparas**. Quando bate um calorzão ou um estresse bravo, elas entram em ação com um efeito que parece mágica e que produz o suor. Essa mescla de água, sal e outras coisinhas, ao ser colocada para fora do corpo, evapora, dando uma resfriada gostosinha na quentura do nosso organismo.

A gente também tem pelos pela pele afora. Já sabemos que eles só não nos dão a sua peluda presença na palma das mãos e na sola dos pés, que são sempre carequinhas. E, mesmo que não cheguem a fazer palhaçada, eles até que são bem engraçados.

Por exemplo, eles ficam de pé quando a gente está com frio, como se fossem conseguir nos defender. Aliás, essa é uma das principais missões deles: ajudar a regular a temperatura do nosso corpo. Mas os pelos também nos protegem de uns possíveis machucados e ainda aumentam a nossa capacidade de sentir o mundo.

Cada pelo nasce numa caverna (**folículo**), que vem acompanhada de uma manufatura de óleo exclusiva, as **glândulas sebáceas**. Agora, veja como parece piada: essa gordurinha nojenta existe justamente para manter a pele macia, bem hidratada e protegida de certas substâncias! Então por que a gente tem tanta gastura em relação ao nosso sebo?

É que às vezes dá um tilte, um chabu lá dentro do folículo, e a produção dessa graxa sebosa dispara, ficando exagerada a ponto de entupir a região, criando cravos. E, se bobear, fungos ou bactérias que adoram comer essa nojeira gordurosa vão para lá, causando uma inflamação, ou seja, uma espinha. Agora, você conhece alguém que curte ter espinhas? Ninguém, né?

Uma atração única da camada nº 2 da pele são os **vasinhos de sangue**, que parecem aqueles vendedores de comes e bebes que batem perna pelos camarotes e arquibancadas de um circo. Os vasinhos botam para circular sem trégua um monte de nutrientes e oxigênio para a pele. E fazem ainda um extra, atuando na tal da regulagem da temperatura, dilatando quando está calor e se contraindo quando está frio.

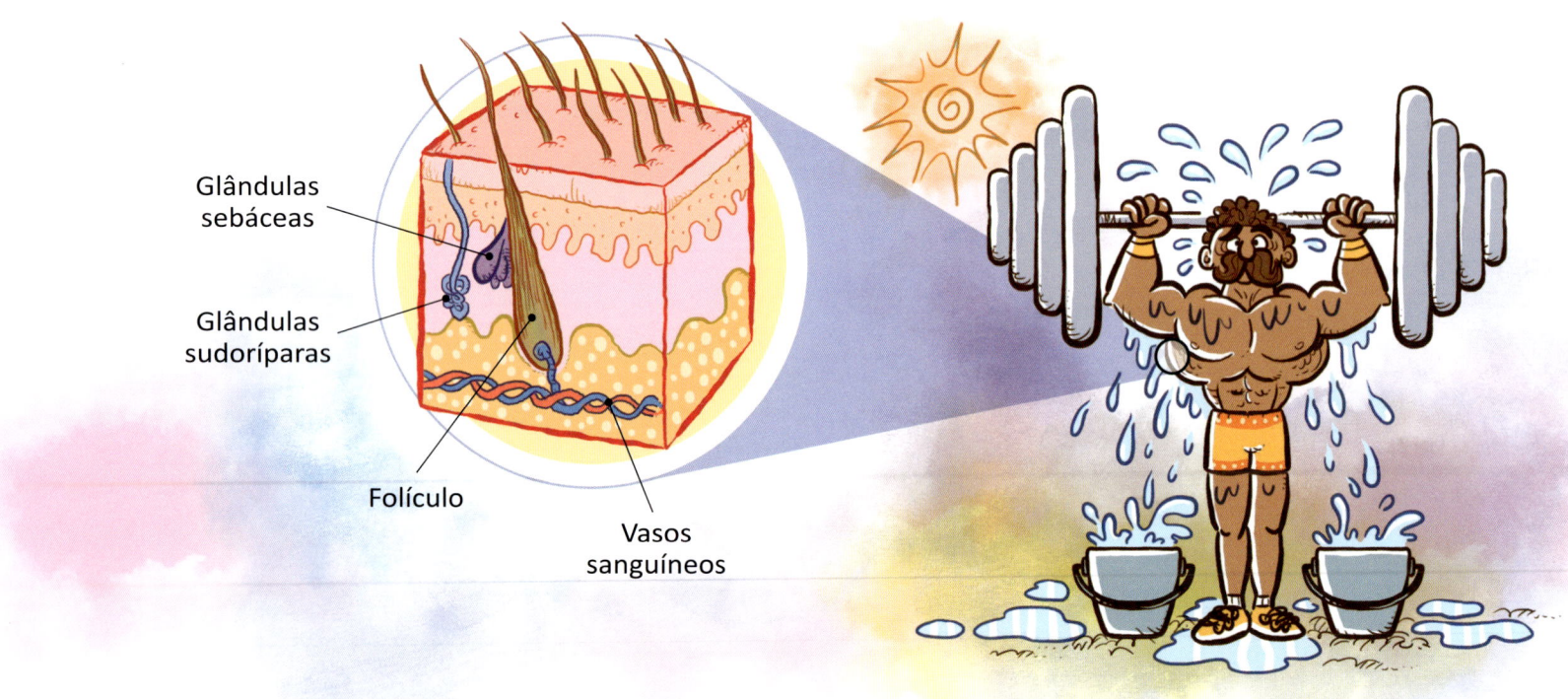

## DESTAQUES DO NOSSO TOUR CIRCENSE

Acho que ninguém jamais contou quantos floquinhos de serragem cobrem o chão de um picadeiro de circo. Em compensação, os cientistas já conseguiram calcular que existem bem uns 2.500 **receptores nervosos** em um só centímetro quadrado de pele da ponta de um dedo seu. Quando você encosta um dedo – mesmo que de leve e rapidinho – em qualquer coisa, esses coletores de informações mandam logo um relatório para o cérebro dizendo se a superfície daquilo é dura, macia, quente, fria, melecada, cremosa, rugosa, lisa, cabeluda, cortante e tudo mais. Sensacional, concorda?

Nessa mesma área, encontramos também umas marcas que formam um desenho exclusivo. Ninguém tem um conjuntinho desses igual ao de outra pessoa. Por conta desse detalhe, é comum escanear o cume do dedo para registrar a nossa **impressão digital**. Daí usam esse nosso desenho particular como forma de identidade, de reconhecer que você é você e que eu sou eu.

## MAIS UNS TRECOS E CACARECOS

- Bem lentamente, a **epiderme** vai descartando células mortas enquanto empurra novas unidades para ficar no lugar das velhas. E isso é sem parar, de modo que, mais ou menos a cada mês, a gente está com a nossa pele todinha renovada.

- As **unhas** são um coletivo de células mortas e entupidas de queratina, com umas pitadas de sais minerais. O resultado é um miniescudo que não só protege os ossos mais delicados que existem debaixo delas, como também garante firmeza para as extremidades dos nossos dedos. Sem esse truque da rigidez que a unha fornece na área, seria difícil catar coisas miúdas e finas, como uma agulha.

- Outro tecido morto que cresce na gente é o **cabelo** – e qualquer outro pelinho. E se algo morto que cresce como mágica de circo já nos deixa boquiabertos, o que dizer então do maior dos assombros: nossos fios são feitos basicamente de queratina, o mesmo ingrediente principal das unhas, apesar de cabelo e unha não se parecerem em neca de pitibiriba. Como pode?

A diferença está no tipo de queratina e em como ela é organizada. Na unha, temos muitos filamentos curtos dessa proteína, que se amontoam em massas largas, uma camada por cima da outra, e com tudo bem compactado. No cabelo, os filamentos são mais longos, surgem em menor quantidade, menos espremidos nos outros. Sem falar que o cabelo também ganha uma dose de melanina, que colore os fios.

**ROTEIRO 2**

# O ATLÉTICO SISTEMA ESQUELÉTICO

Esse é um sistema bem atlético mesmo e que facilita a nossa atuação na grande olimpíada da vida, porque é ele que segura a gente em pé, deixa a gente se mexer, andar, dançar, chutar bola, cutucar o nariz e coçar o dedão do pé. E enquanto faz isso tudo ele também trata de fabricar umas células especiais para o nosso sangue, serve de armário para estocar uns minerais bem úteis – como o cálcio, o ferro e a vitamina D –, além de estar sempre de plantão na proteção de umas partes bastante delicadas do nosso corpo.

O sistema esquelético (como o nome já revela) tem a ver com o nosso esqueleto, ou seja, com os ossos. Um jeito de ver os nossos ossos é tirando um raio-x, uma fotografia poderosa que revela coisas dentro da gente. Outra maneira é visitando um osso por dentro, camada por camada. Vem ver!

OS ÓRGÃOS CHAMADOS DE VITAIS CONTAM COM UMA LINHA DE DEFESA FEITA DE OSSOS QUE FUNCIONAM COMO UMA BARREIRA NA FRENTE DO GOLEIRO NA COBRANÇA DE UMA FALTA. É O CASO DO CORAÇÃO E DOS PULMÕES, QUE FICAM GUARDADINHOS ENTRE AS COSTELAS DA GENTE NA TAL DA **CAIXA TORÁCICA**.
O CÉREBRO TAMBÉM VIVE SEGURO DEBAIXO DA ARMADURA DOS OSSOS DO CRÂNIO.

## DENTRO DE UM OSSO

UM ADULTO-MODELO COMPLETINHO TEM 206 OSSOS, E CADA UM DELES TRAZ TRÊS CAMADAS.

E OLHA QUE MEDALHA DE OURO: OS ESPACINHOS DE ÁREA ESPONJOSA, NA CAMADA INTERNA, DEIXAM O OSSO MAIS LEVE.

E AINDA BEM, PORQUE JÁ PENSOU ARRASTAR POR AÍ UNS OSSOS DENSOS DEMAIS E BEM PESADÕES? QUERO NÃO!

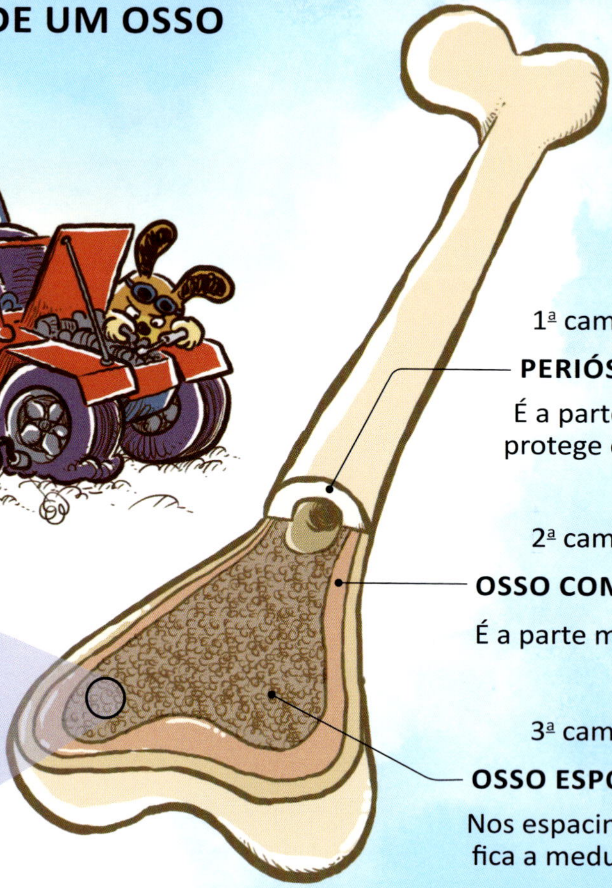

**1ª camada**
**PERIÓSTEO**
É a parte que protege o osso

**2ª camada**
**OSSO COMPACTO**
É a parte mais dura

**3ª camada**
**OSSO ESPONJOSO**
Nos espacinhos dele fica a medula óssea

## PRODUTOS DA MEDULA ÓSSEA

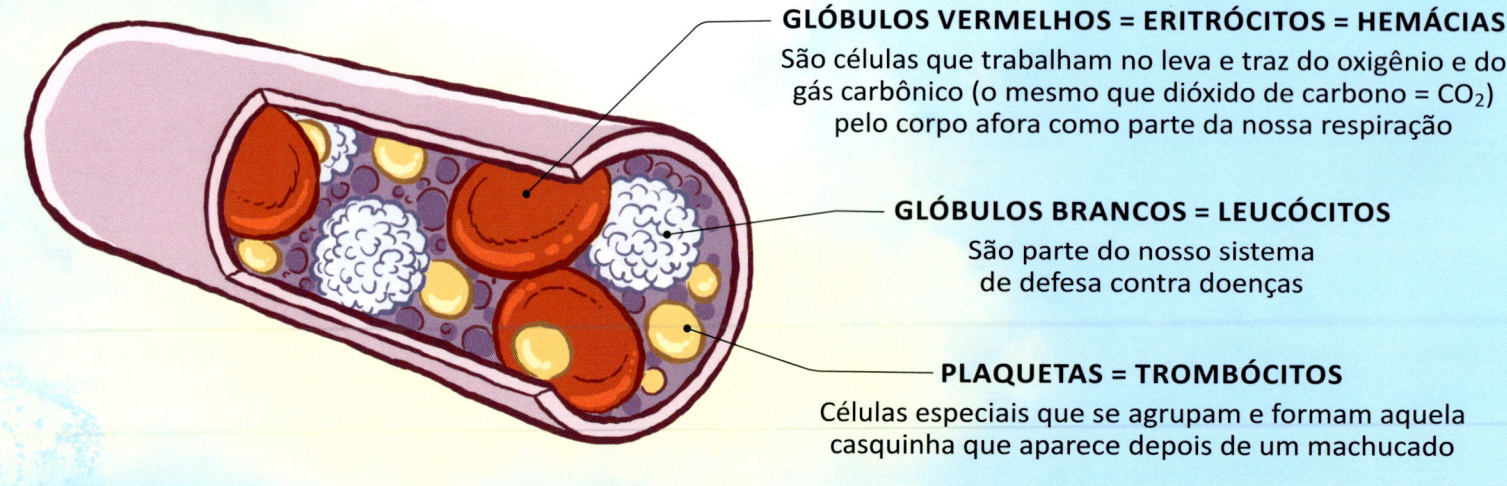

**GLÓBULOS VERMELHOS = ERITRÓCITOS = HEMÁCIAS**
São células que trabalham no leva e traz do oxigênio e do gás carbônico (o mesmo que dióxido de carbono = $CO_2$) pelo corpo afora como parte da nossa respiração

**GLÓBULOS BRANCOS = LEUCÓCITOS**
São parte do nosso sistema de defesa contra doenças

**PLAQUETAS = TROMBÓCITOS**
Células especiais que se agrupam e formam aquela casquinha que aparece depois de um machucado

## ESCALAÇÃO DO ESQUELETO LEGAL

Quando a gente repara na estratégia do jogo, logo nota que o sistema esquelético trabalha sempre em equipe, escalando os **ligamentos** para a união de um osso a outro – o que ajuda na nossa movimentação – e colocando os **tendões** para grudar os ossos aos músculos, numa tarefa de meio de campo que deixa as articulações mais estáveis.

Além disso, temos a dona **cartilagem**, uma belezura composta basicamente de um montão de colágeno e elastina, tudo junto. Coloque a mão em cima da ponta do seu nariz. Sentiu? Agora, leve os dedos para o topo da sua orelha. Pegou? Reparou?

Bom, esses dois cantos aí são feitos de cartilagem, e sua mão deve ter lhe informado que ela é uma coisa forte, mas que não é dura. Percebeu? É por conta desse jeitão flexível e resistente que a cartilagem trabalha no encontro dos ossos, formando uma almofadinha para que eles não fiquem batendo cabeça, raspando e estragando um ao outro. Aliás, quando um ou mais ossos se encontram, eles não batem papo, não dão risada, nem estão pra brincadeira. O que eles fazem é se organizar em **articulações**.

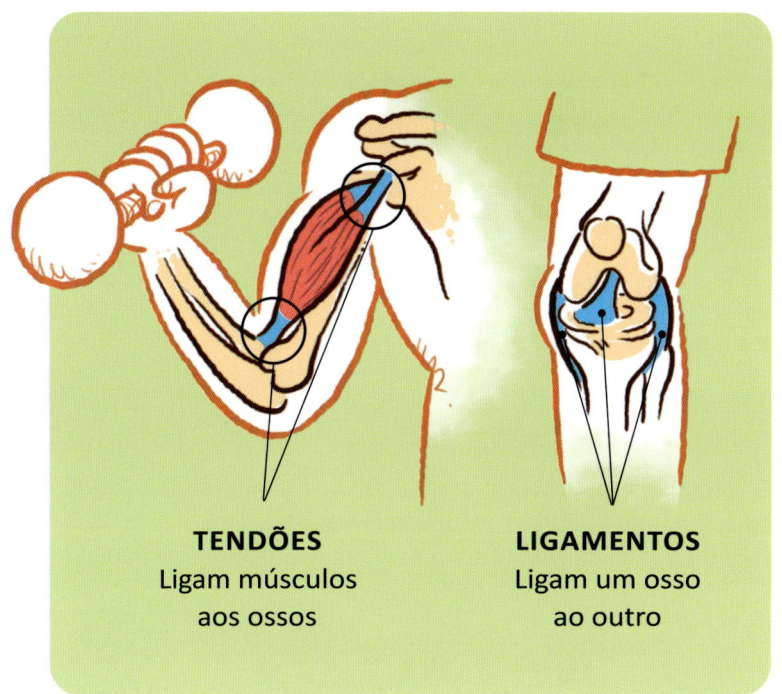

**TENDÕES**
Ligam músculos aos ossos

**LIGAMENTOS**
Ligam um osso ao outro

O maior osso do corpo é o fêmur, que fica na coxa. O menor é o estribo, que é um negocinho de nada que mede uns três milímetros e fica dentro do ouvido.

Esses encontros dos ossos podem criar articulações que são imóveis. Um exemplo? Na cabeça temos placas de ossos que estão agarradinhas umas às outras e vivem ali no sossego, paradinhas.

Já as costelas do nosso peito se ligam a outras partes ossudas, que se mexem um pouco, acompanhando os pulmões, que ficam naquela função de expande e contrai da nossa respiração. Mas isso, claro, é bem diferente das articulações que se movem adoidado, como a do joelho, a do ombro, a do cotovelo... Todas essas partes campeãs de mexeção.

Mesmo nos encontros que geram movimento há diferenças. O joelho e o cotovelo, por exemplo, têm articulações que são como dobradiças de porta, que abrem e fecham, esticando ou ficando juntas. Já as articulações do ombro ou do quadril são do tipo bola (esfera) e soquete (um encaixe), e isso deixa que rolem, produzindo movimentos de muitos jeitos diferentes. Dá até pra rebolar!

### DESTAQUES DO TOUR ATLÉTICO

Numa olimpíada, tipos físicos diferentes se dão melhor em diferentes esportes. No sistema esquelético é a mesma coisa. Tem osso que é **longo**, como os dos braços, os das pernas e até mesmo os dos dedos. Eles são chamados assim porque são mais compridos que largos. Outra categoria foi batizada de ossos **curtos**, e é o caso dos que a gente encontra no calcanhar e no punho, com comprimento e largura semelhantes.

E você sabia que tem osso **chato**? Não, não é que façam a gente perder a paciência com a chatice deles. Eles são mais planos, achatados. As costelas são assim e os ossos da cabeça também. Ah, e tem ainda uma última variedade, os **irregulares**: uns malandrinhos que simplesmente não se encaixam nessas outras definições. Isso acontece, por exemplo, com as vértebras da coluna vertebral.

Falando em coluna, esse é um destino muito especial aqui no sistema esquelético. Composta de 33 ossos, a **coluna vertebral** tem a missão especial de proteger a **medula espinhal**, que é algo importantíssimo, garantindo também o centro da nossa estrutura, dando muito do formato do nosso corpo.

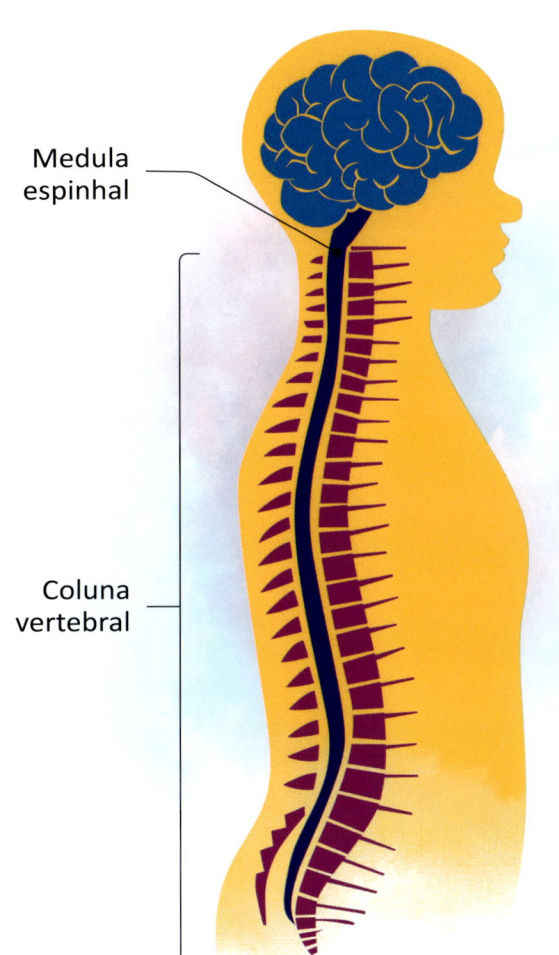

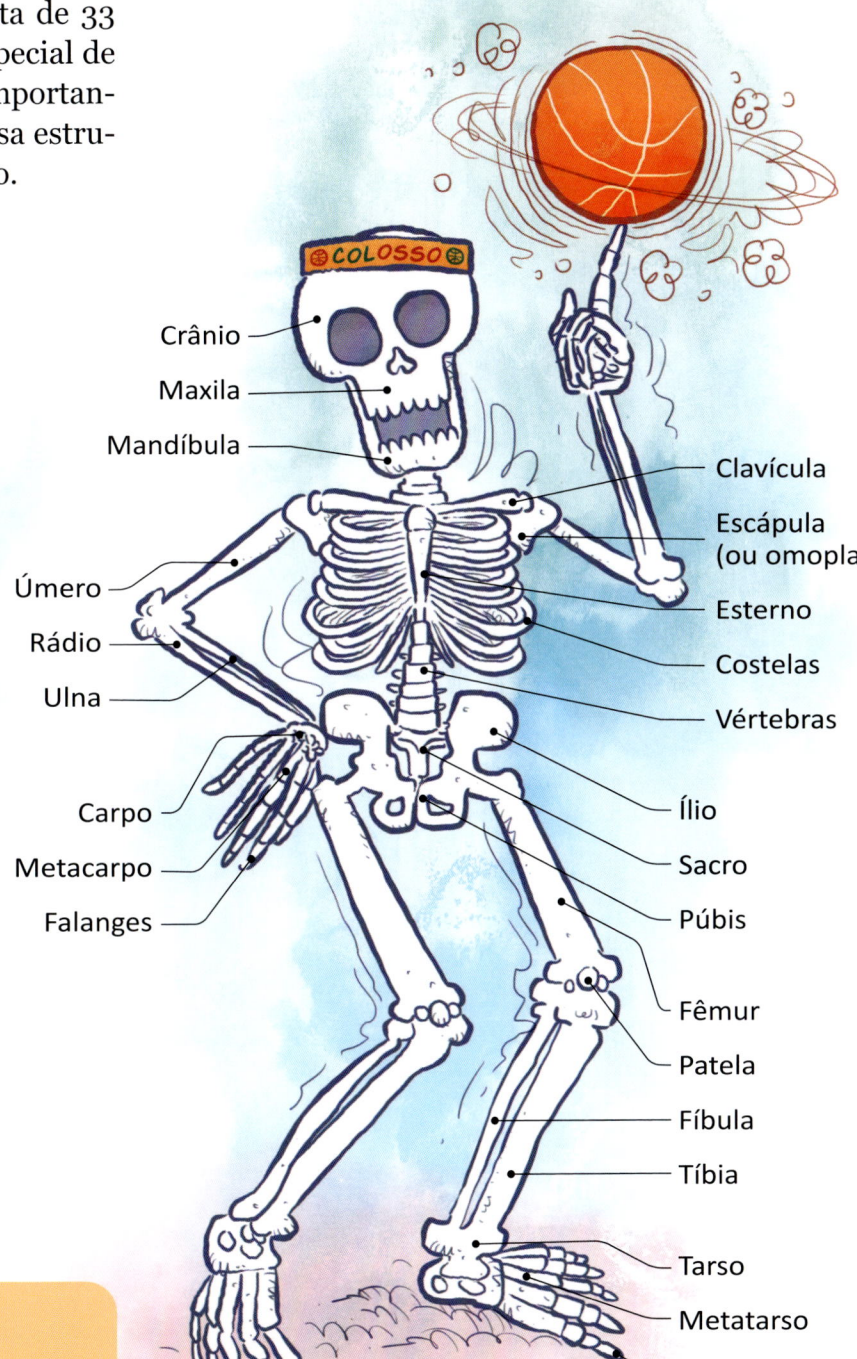

### MORTO-VIVO

O osso parece uma coisa sem vida, feito pedra. Mas, na verdade, ele é algo bem vivo e que está sempre se refazendo. Mais ou menos a cada sete anos, o esqueleto está com os ossos todinhos renovados.

## ROTEIRO 3

# BRINCAR NO PLAYGROUND MUSCULAR

Bem-vindo, bem-vinda, ao *playground* muscular! Aqui, muita coisa se movimenta – às vezes de maneira proposital (voluntária) e, em outras ocasiões, no modo piloto automático (involuntário).

Bater palma, falar, pular, levantar, pentear o cabelo, coçar o burumbumbum... tudo isso é movimento voluntário, que você decide fazer ou não. Já respirar, espirrar, digerir o que você come são ações que incluem movimentos involuntários, ou seja, que acontecem independentemente da sua vontade. É o coração que bate, o diafragma que contrai e relaxa, o estômago que faz a comida se revirar lá dentro, o intestino que usa sua musculatura para empurrar o cocô para pertinho da porta de saída e muito mais!

Agora o mais incrível é que, mesmo quando esse nosso parque está paradinho, até quando estamos dormindo, os músculos não ficam de bobeira e seguem comprometidos com o trabalho de nos ajudar a ficar em uma posição. Porque é responsabilidade da musculatura garantir a nossa postura corporal. Sem falar que essa massa muscular toda que carregamos (ou que nos carrega, né?) nos auxilia a manter a temperatura do nosso corpo no ponto certo.

### QUEM DESCE SEMPRE PARA O PLAY

Nesse nosso passeio pelo *play*, você vai se deparar com três espécies de músculos. O **estriado esquelético** é um deles, e aparece nos braços, nas pernas, nos dedos, ou seja, nos lugares onde conseguimos controlar os movimentos por meio das decisões que tomamos lá no nosso cérebro. E esse, caro e cara visitante, é o único tipo de músculo que faz movimentos voluntários. O estriado esquelético também está sempre preso pelo tendão a algum tipo de osso ou ligamento.

Já os músculos **lisos** que frequentam o nosso *play* têm outra função. Eles fazem movimentos involuntários e têm domicílio nos nossos órgãos internos, que são ocos, além de marcarem presença nos vasos sanguíneos. Os lisos, no entanto, não dão as caras no coração, porque esse nosso amigo do peito tem um músculo exclusivo, só dele e de mais ninguém, que é o **estriado cardíaco**.

## QUAL É O MÚSCULO MAIS RAPIDINHO? E O MAIS LENTÃO?

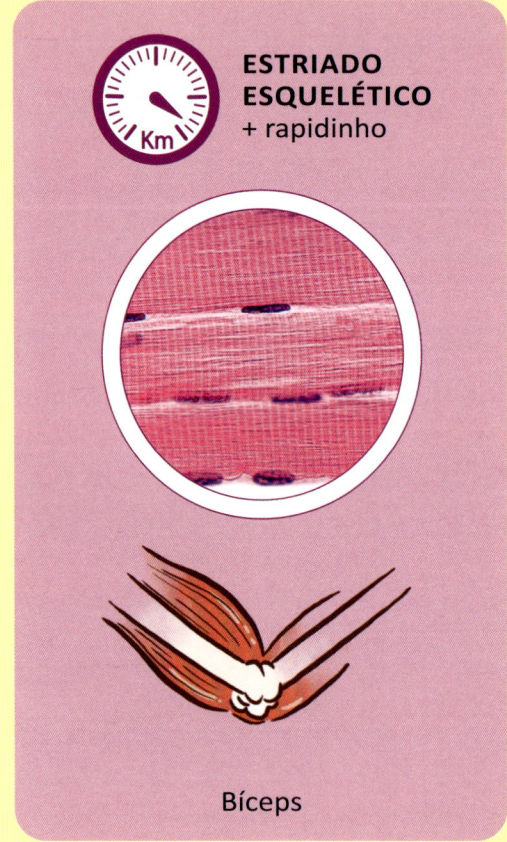

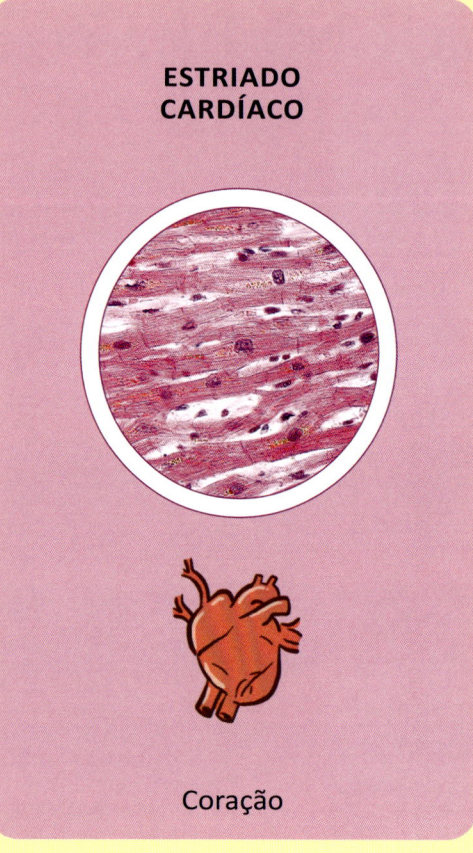

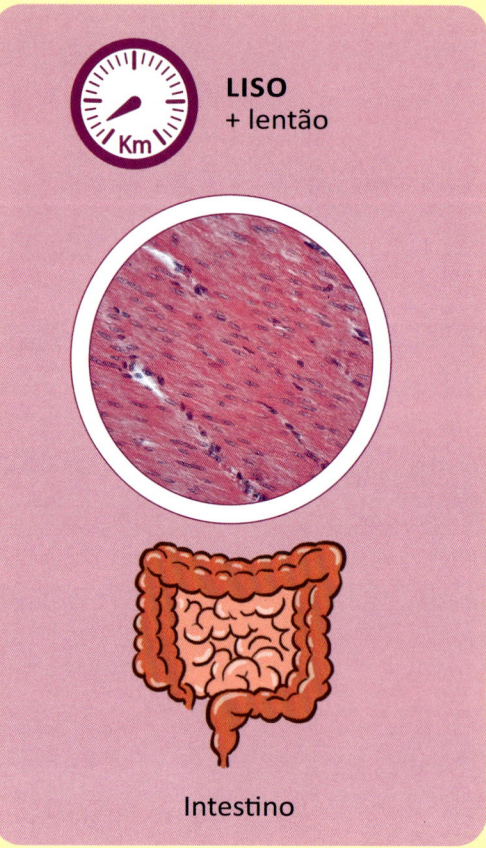

ESTRIADO tem a ver com estrias. Quando olhamos os músculos estriados no microscópio, logo notamos as listras, as estrias.

Mas, se a gente colocar debaixo da lente um pedacinho de músculo liso, vai logo perceber que ele não tem esse desenho.

## ATRAÇÕES MAIS-MAIS QUERIDAS

No *play* real, ninguém discute que o escorrega e o balanço são os campeões de audiência. Mas é difícil dizer qual é o músculo mais importante ou popular no *playground* muscular. Então, acho que vale a pena visitar um pouquinho cada um dos três tipos que temos em estoque no nosso corpo. E aí faço um convite para a gente começar dando um *zoom* numa dupla chamada **antagonista** e **agonista**, formada por músculos **estriados esqueléticos**.

Esses dois músculos funcionam como uma gangorra de parquinho, só que usando o truque de contrair e relaxar para produzir movimentos. Para fazer isso, eles precisam apenas de uma ordem do cérebro, a de contrair, porque a coisa de relaxar esses músculos fazem de maneira automática. Mas é deste jeito: nenhum movimento que a gente faz de propósito depende só de um músculo. É tudo sempre um trabalho em equipe com, no mínimo, uns dois deles envolvidos.

O músculo que se contrai num movimento é conhecido como agonista; e o que relaxa para que aquele movimento aconteça é o antagonista. Todavia, essa posição deles muda: num instante um fica contraído e posando de agonista para, na sequência, relaxar e virar assim um antagonista. Bem como o sobe e desce coordenado de uma gangorra.

Agora, veja outro tipo de atração do parquinho muscular: é o seu depósito de xixi, a bexiga. Aqui você vai encontrar um exemplo formidável de um órgão construído todinho com músculo liso e que não faz dupla com ninguém. Ele é um músculo que age sozinho.

Quando esse saco muscular fica cheio de xixi, ele dispara impulsos que sobem pela medula espinhal e chegam rapidão lá no cérebro, informando que a lotação está para se esgotar. Nesse momento, você tem aquela sensação de "ui, preciso ir ao banheiro".

Até aí, tudo acontece de maneira espontânea. Mas quando a bexiga passa essa mensagem de alerta, ainda podemos exercer um certo controle para segurar a urina e encontrar um banheiro. Isso acontece porque a bexiga tem um **esfíncter** interno e outro externo – e é a gente quem manda no esfíncter mais de fora.

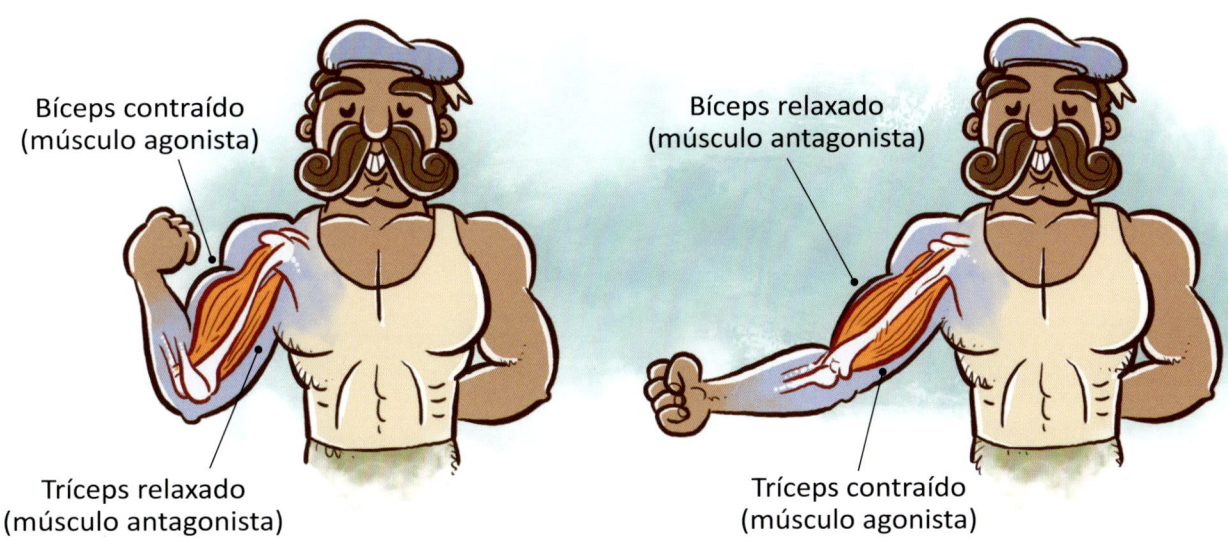

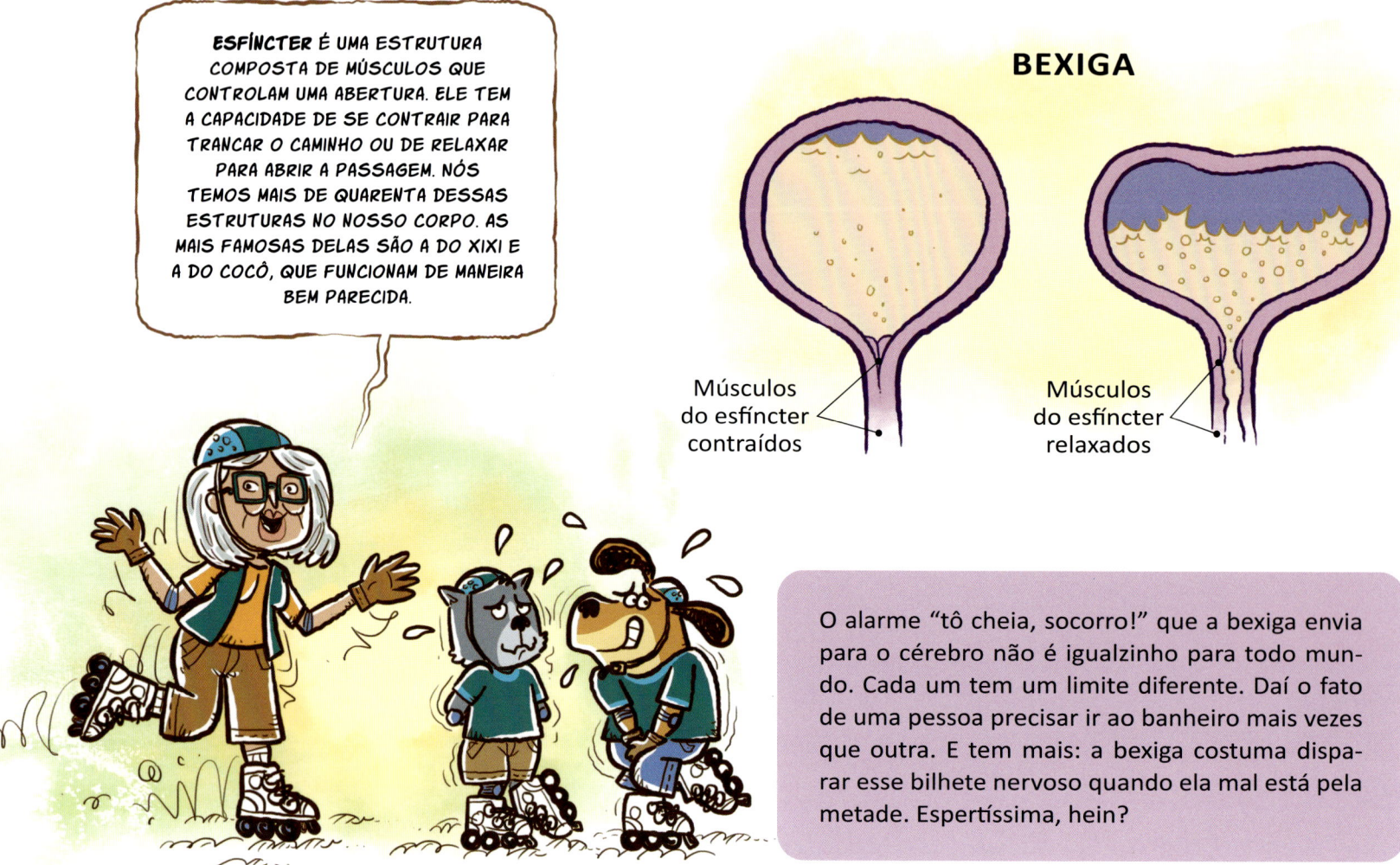

O xixi sai quando finalmente relaxamos os músculos da pélvis e damos a ordem de descontração para o esfíncter externo da bexiga. Aí, sim, o alívio vem líquido e legal.

## MEXE-MEXE

Todo parquinho tem tudo a ver com movimento, e no *playground* muscular não é diferente. Só que nele muitas das mexidas que você dá, mesmo que mínimas, podem envolver três sistemas: o nervoso, o muscular e o esquelético.

O **sistema nervoso** controla as ordens de contração e deixa o relaxamento da nossa musculatura rolar sem contratempos. O sistema muscular acata as ordens e, em dupla, eles contraem e relaxam – esses músculos vivem agarradões aos ossos com a ajuda de tendões. A mexida do músculo aciona então o sistema esquelético, e pronto: seus braços e pernas podem subir no trepa-trepa.

Uma piscada de pálpebra funciona quase do mesmo jeitinho. A diferença é que ela dispensa a necessidade de ossos. Isso acontece também em outras de nossas mexidas voluntárias.

## ALGUNS MAIÚSCULOS E MINÚSCULOS

Nosso corpo tem cerca de 650 músculos – e uns quinhentos só trabalham de forma voluntária, ou seja, são músculos estriados esqueléticos. Além disso, como acontece com os ossos, o maior músculo se encontra na coxa e o menor, dentro da orelha, atendendo pelo nome de **estapédio** e contribuindo para que você consiga ouvir os sons.

Estapédio

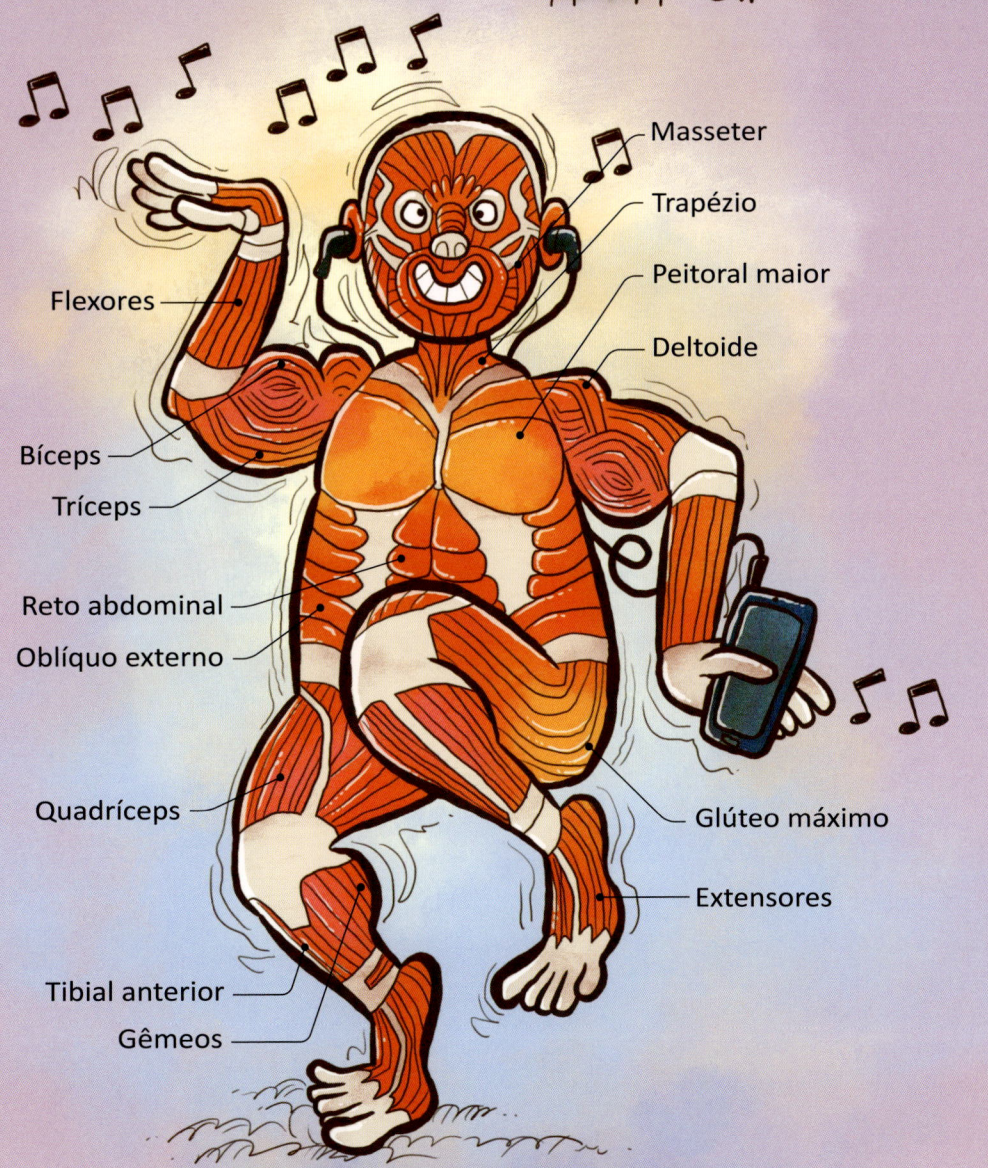

- Masseter
- Trapézio
- Peitoral maior
- Deltoide
- Flexores
- Bíceps
- Tríceps
- Reto abdominal
- Oblíquo externo
- Quadríceps
- Glúteo máximo
- Extensores
- Tibial anterior
- Gêmeos

## ROTEIRO 4

# O CIRCULAR CHAMADO CARDIOVASCULAR

Tem gente que trata estas duas partes aqui – cárdio e vascular – como roteiros separados: um concentrado só no coração e outro com foco na circulação de material pelos vasos sanguíneos. Mas eles têm tanta relação entre si que alguns especialistas preferem tratar os dois como um conjunto. E é isso que fazemos aqui na minha agência de viagens Ana Tomia quando subimos no ônibus circular mais interessante do mundo!

### CIRCULAR 1 - ROTEIRO CÁRDIO

Num dia comum e qualquer, o sangue circula por cerca de 19 mil quilômetros dentro da gente – o que seria o mesmo que ir e voltar de São Paulo para o Rio de Janeiro mais de vinte vezes em 24 horas!!!

E quem faz isso acontecer é o coração, que é o motor desse ônibus.

O coração é basicamente um acumulado de três camadas de tecidos. A parte mais de fora é o **epicárdio**. A do meio, que fica ali de recheio, é um tecido mais forte e grosso, feito daquele músculo especial, o estriado cardíaco, e se chama **miocárdio**. Tem ainda a terceira faixa desse sanduba, a mais de dentro, que é o **endocárdio**.

O barato dessa musculatura do coração é contrair e descontrair, e é nesse estica e murcha que esse órgão bota o nosso líquido vermelho pra circular por bombeamento. Aliás, esse movimento também é o responsável pelo tamborzinho que o coração bate. O primeiro *tum* acontece bem no início da contração, enquanto o segundo som ocorre no momento que começa a folga relaxada.

**BATUQUE**

Tum nº 1
O músculo se apertou todinho

Tum nº 2
O músculo relaxou geral

## CIRCULAR 2 - ROTEIRO VASCULAR

O sangue bombeado pelo coração circula dentro de tubinhos que funcionam como se fossem ao mesmo tempo a carcaça do ônibus e a estrada. Eu gosto de chamar isso de "onistrada", mas só eu uso essa palavra que inventei, porque o nome oficial disso é **vaso sanguíneo**. Quer dizer, a denominação certinha e certeira depende da largura (calibre) dos tubos e se eles estão levando ou trazendo coisas para o coração.

Claro que essa circulação toda do sangue não é sem motivo. Muito pelo contrário, afinal, ele tem três missões indispensáveis:

- **Missão 1**: carregar oxigênio e energia para as nossas células.
- **Missão 2**: retirar das células o que precisa ser dispensado – por exemplo, o tal dióxido de carbono.
- **Missão 3**: dar carona pra galerinha que toma conta do nosso corpo, defendendo a gente de qualquer tentativa de invasão que possa virar doença.

### TIPOS DE ONISTRADAS

São quatro os tipos básicos de estradas e que variam em calibre (largura do cano) e espessura da parede. As artérias e arteríolas têm calibre menor, mas espessura maior de parede, e levam sangue rico em oxigênio do coração em direção a outras partes do corpo. Já as veias e vênulas têm calibre maior, mas espessura menor de parede, e levam sangue rico em gás carbônico lá das outras partes do corpo para o coração. Nos livros, é comum colorir umas de vermelho e outras de azul, mas é só para facilitar entender quem é quem, viu?

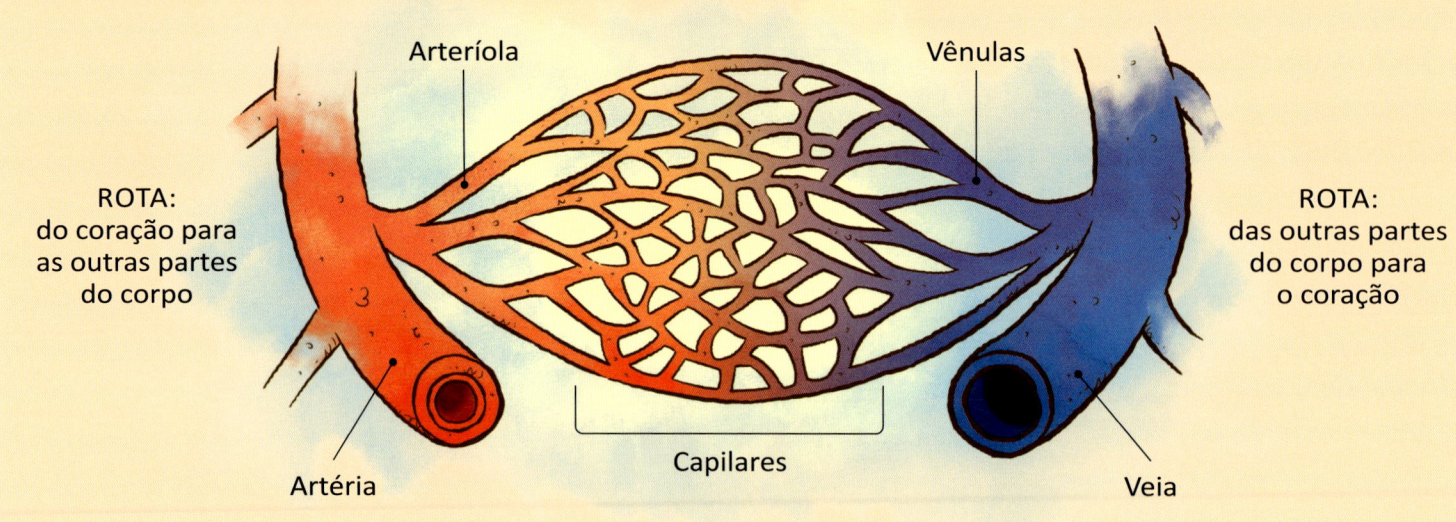

## PASSAGEIROS DA ONISTRADA

Mais da metade do sangue é um líquido meio amarelado chamado **plasma** e que deixa boiar ali os nutrientes dos alimentos que a gente come e digere, além de servir de recolhedor das tranqueiras indesejadas que precisam ser entregues a outros órgãos capazes de jogá-las fora.

Outra coisa que passeia nos vasos sanguíneos são os **glóbulos brancos**, encarregados de combater germes invasores do nosso corpo, e os **glóbulos vermelhos**, que são transportadores de oxigênio e gás carbônico. E, por fim, dão rolê ali também as **plaquetas**, que, num processo batizado de **coagulação**, fazem algo muito útil: impedem que o sangue escorra geral quando algum tubo estraga.

## ONISTRADAS DE DESTAQUE

A **aorta** é a artéria mais parruda que a gente tem. Ela começa no coração com dois centímetros de diâmetro e depois vai ficando mais fina à medida que se espalha e se ramifica, até desembocar em arteríolas com três milímetros de calibre.

A **safena** é uma veia da nossa perna que ficou famosa pelo seu uso como peça sobressalente, ajudando a resolver a encrenca que é o entupimento de certas artérias lá do coração. E, talvez tão célebre quanto ela, sejam as veias **jugulares** do nosso pescoço. Mas, no caso delas, a fama vem porque são bem exibidas: se a gente carregar muito peso ou travar os maxilares, as jugulares meio que estufam, de maneira que vemos direitinho o caminho feito por elas.

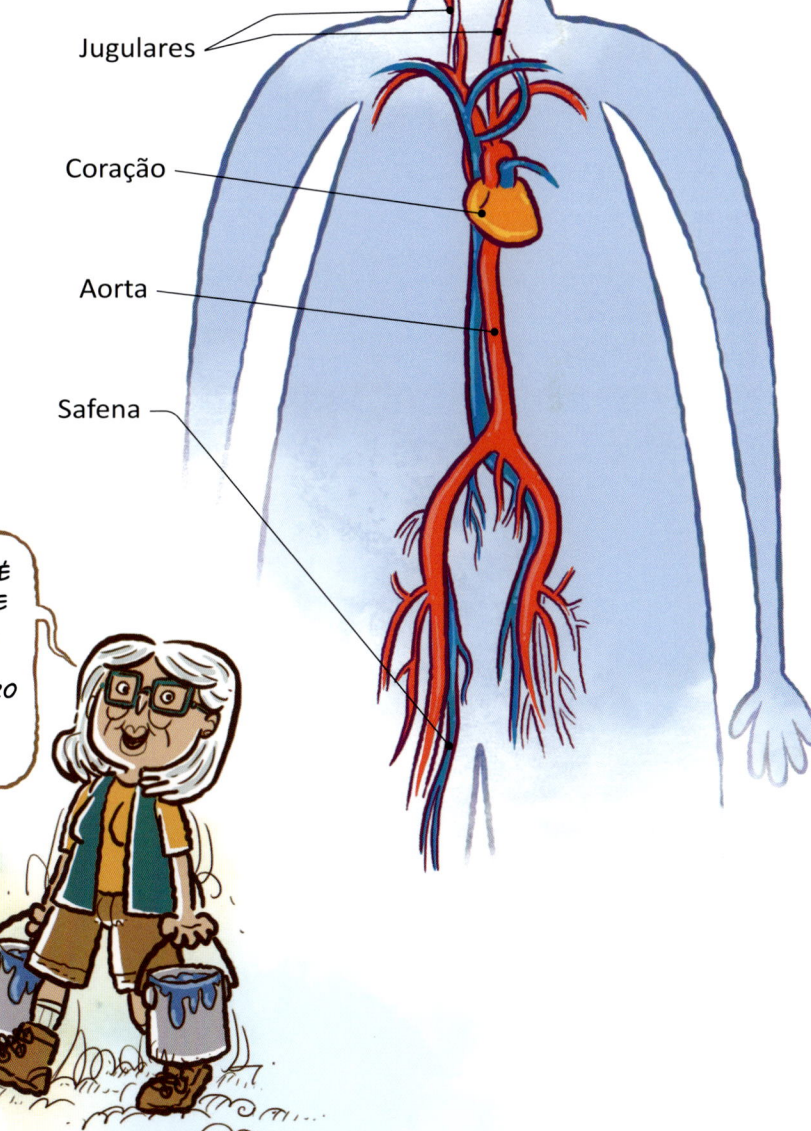

## ROTEIRO 5

# UM OBSERVATÓRIO PARA O SISTEMA RESPIRATÓRIO

Respirar é coisa básica do nosso universo. Algo que a gente faz o tempo todo e nem se toca direito que está rolando. Na respiração, colocamos oxigênio para dentro, que será distribuído um tiquinho para as nossas células, enquanto se tira delas o gás carbônico, que é preciso botar pra fora do nosso corpo.

Nessa empreitada, tem muita coisa colaborando. O ponto mais importante são os pulmões, mas tudo começa e termina pelo nariz (e um pouco pela boca), que é a porta principal de entrada do ar que sugamos do ambiente e a rota de saída dos gases que eliminamos. Bora observar juntos!

### É CADA ESTRELA!

Muitos elementos interessantes frequentam essas paradas, e – como falamos ainda agorinha – o **nariz** é um deles. Tenho certeza de que você o conhece bem, não? Já deve até ter metido o dedo lá dentro! Mas preste atenção que você vai se surpreender com a quantidade de coisas que nós vamos ver neste roteiro.

Para começo de conversa, essa estrela da nossa respiração tem raiz, dorso, ápice e até duas asas – embora nunca se tenha ouvido falar de nariz voador! Ele tem também uma dupla de narinas, que são cavernas cabeludas separadas por uma paredinha de cartilagem conhecida como **septo**. Seguindo adiante nessas duas cavernas, a gente dá de cara com três conchas nasais, além de uma abertura que desemboca na **faringe**. Já ao lado de cada asa, existe um buraco batizado de **seio nasal** e que, vira e mexe, se enche de catarro – o que é bem chato e pode doer bem doído.

Por baixo da pele, o nariz tem lá em cima um osso, mas ele logo acaba e aí o que existe mesmo é um tanto de cartilagem, com umas porções de um tecido diferentão, conhecido como **fibroareolar**, na área das asinhas.

Outra estrela desse sistema é a **faringe**, que mora pertinho da coluna. Ela vive conectada lá em cima com o nariz e também com o ouvido. Um pouquinho mais abaixo, ela se liga à boca e segue adiante até se meter com a laringe (que atua na respiração) e o esôfago (que trabalha no departamento de digestão).

Esse canal esperto – que você talvez conheça como garganta – é feito de músculos que recebem por dentro uma camada de mucosa, o mesmo material de revestimento da sua boca.

A próxima estrela do trajeto do ar é a **laringe**, e nela encontramos a **epiglote**, que é um portãozinho que se fecha quando engolimos comida ou bebida, para não deixar que nada vá parar em nossos pulmões. Encontramos também as **cordas vocais**, que, através da passagem de ar, deixam a gente falar e cantar *lá-rá-lá-lá-lá*.

Esse tubão que é a laringe pode ter bem uns cinco centímetros de comprimento num homem adulto e só termina lá na **traqueia**, que, por sua vez, se prolonga dentro da gente uns outros dez centímetros, se dividindo então em dois **brônquios**, um para a banda da esquerda e outro para a banda da direita.

A traqueia fica na frente do esôfago e tem a parte de cima no pescoço e a parte de baixo já no tórax. Ela é feita de até vinte anéis de cartilagem em formato de C, com um músculo liso tapando o restante do C para ele ficar com cara de O. Lá embaixo, no engate com os brônquios, ela tem ainda uma cartilagem diferente, que atende pelo nome carinhoso de **carina**.

## DOIS "ÃOS" E UM MONTÃO DE "ÍOLOS"

Os **pulmões** são com certeza o Sol desse sistema, que é grande e poderoso. Mas antes de a gente chegar lá, vamos escorregar aqui pelos brônquios, que, inclusive, criam ramos que, por sua vez, originam raminhos menores e ainda menores e menores... Esses pequetitos vão avançando para dentro e mais adentro ainda dos pulmões, onde, por conta justamente dessa pequenez, ganham o nome de **bronquíolos**.

Nós temos dois **pulmões**, que agem como embalagem para essa coleção enorme de bronquíolos e alvéolos. Os dois têm um formato semelhante a um cone e são, por fora, rosadinhos e bem lisinhos, por conta da **pleura**, que é uma membrana que fica ali grudada neles.

O pulmão direito é dividido em três partes (ou lobos) e o esquerdo é um pouco menor, porque abre espaço ali para o encaixe do coração – e por isso tem apenas dois lobos. Além disso, com todos esses ramos e saquinhos dentro deles, os pulmões ficam com um estilo meio de esponja internamente. E isso é pra lá de bom, pois garante a nossa capacidade de boiar na água. Não é demais?

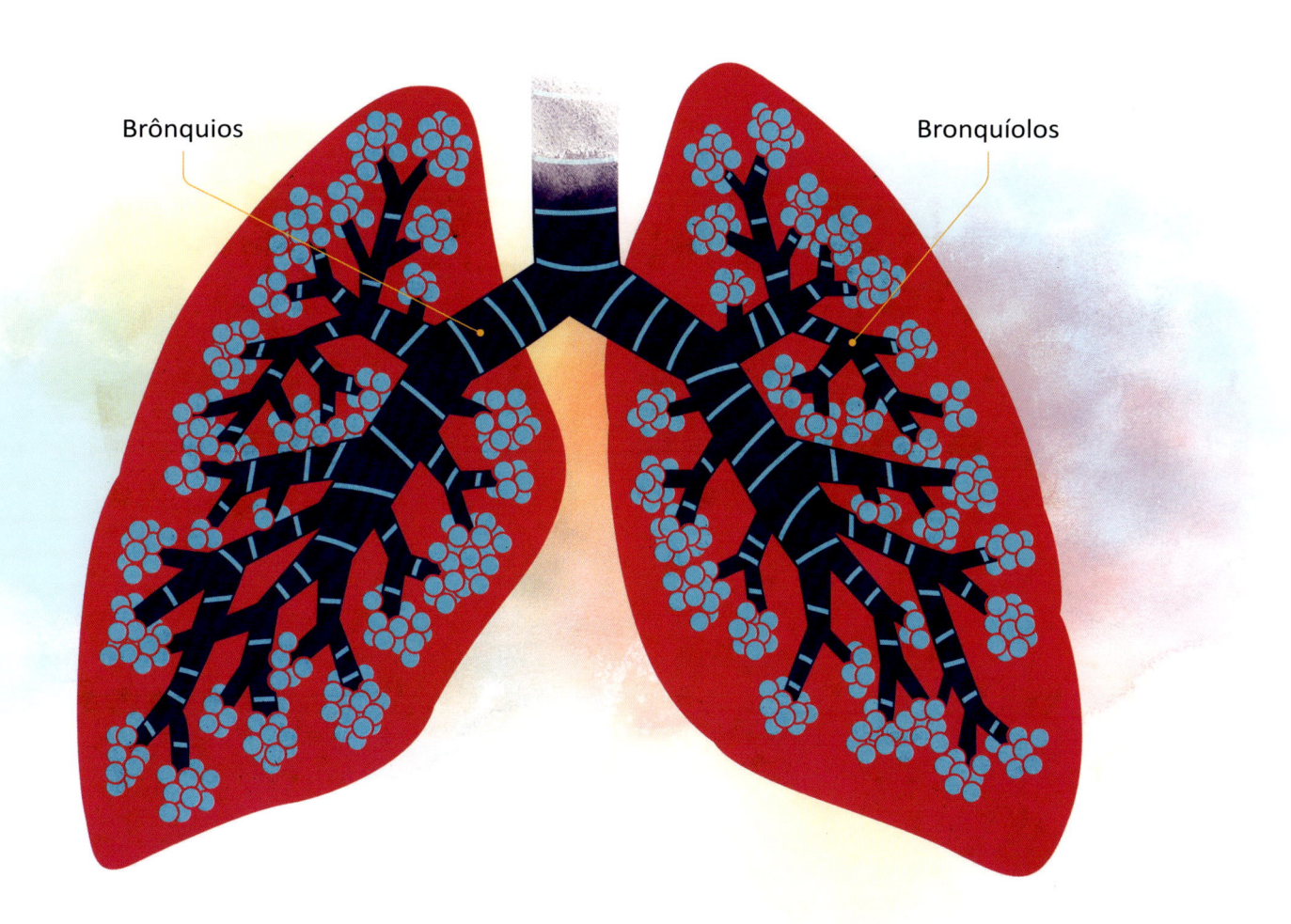

Brônquios

Bronquíolos

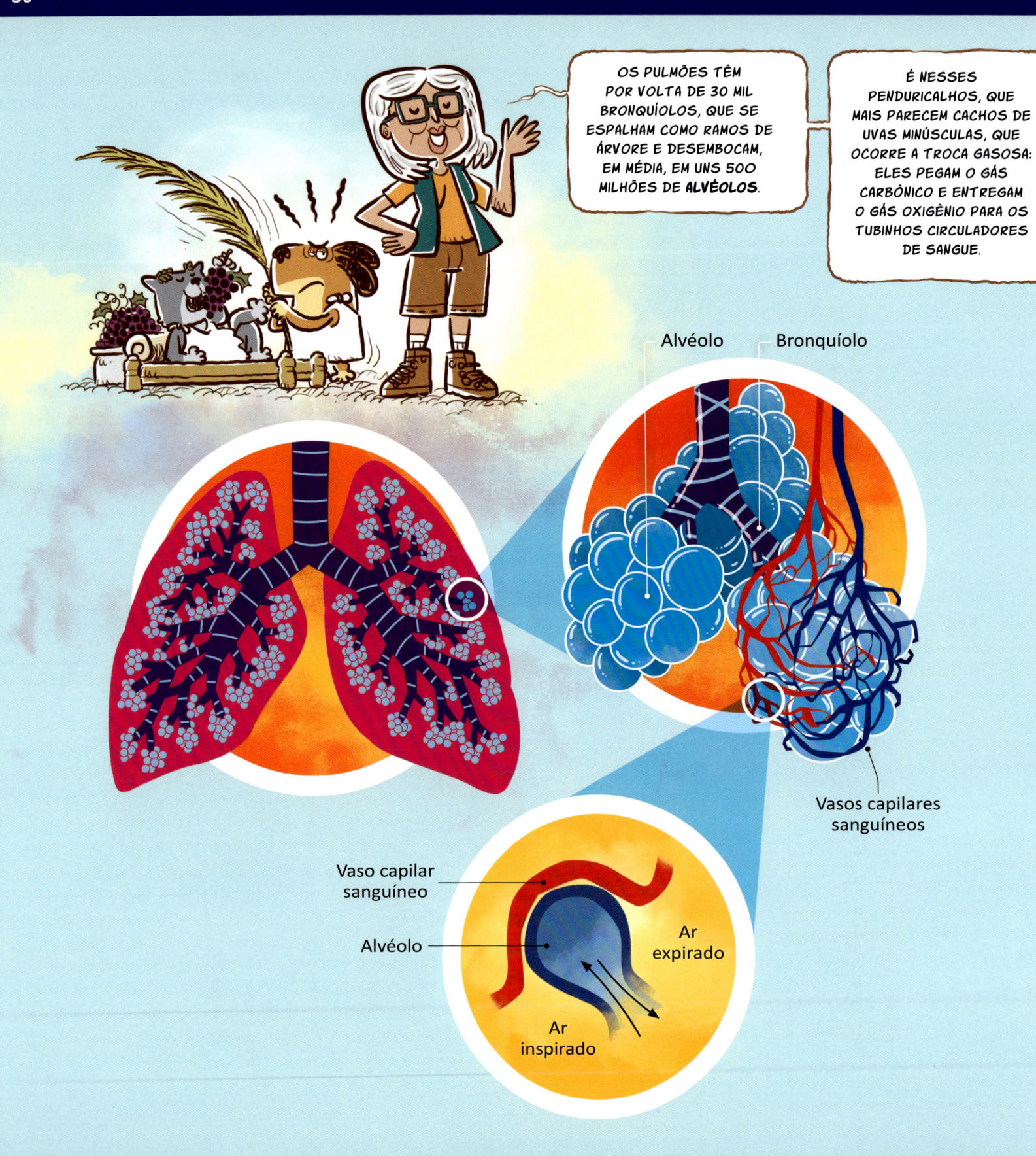

OS PULMÕES TÊM POR VOLTA DE 30 MIL BRONQUÍOLOS, QUE SE ESPALHAM COMO RAMOS DE ÁRVORE E DESEMBOCAM, EM MÉDIA, EM UNS 500 MILHÕES DE **ALVÉOLOS**.

É NESSES PENDURICALHOS, QUE MAIS PARECEM CACHOS DE UVAS MINÚSCULAS, QUE OCORRE A TROCA GASOSA: ELES PEGAM O GÁS CARBÔNICO E ENTREGAM O GÁS OXIGÊNIO PARA OS TUBINHOS CIRCULADORES DE SANGUE.

Alvéolo

Bronquíolo

Vasos capilares sanguíneos

Vaso capilar sanguíneo

Alvéolo

Ar expirado

Ar inspirado

## COMPANHEIROS UNIVERSAIS

Esses irmãos quase gêmeos que carregamos na constelação do nosso peito sobem e descem conforme a gente puxa o ar para dentro ou solta para fora. Esse vaivém recebe a ajuda de uns companheiros universais: as costelas e um músculo que fica logo no pé dos pulmões chamado de **diafragma**.

Quando os pulmões se enchem de ar, o diafragma se contrai e se abaixa, e as costelas se levantam – e dá para ver isso acontecendo, porque a barriga da gente fica estufada pra frente. Depois, a galera toda faz tudo ao contrário: os pulmões se esvaziam com a colaboração das costelas, que se abaixam, e do diafragma, que dá uma boa relaxada enquanto vemos a nossa barriga murchando.

O diafragma, que é um músculo estriado esquelético, fica todo colado na caixa torácica, logo abaixo dos pulmões, servindo como um piso para aquela armação composta das costelas. Só que ele tem três aberturas para deixar passar as coisas (o tubinho que é o esôfago, mais uns nervos e umas estradinhas de sangue).

Esse baita músculo tem uma característica muito especial: ele pode funcionar de maneira voluntária e também involuntária, fazendo a respiração de modo automático.

## DICAS METEÓRICAS

- O **pomo de adão** é um lugar que vale a pena parar para observar melhor. Ele é um pedaço de cartilagem que habita a laringe e protege as nossas cordas vocais. Em alguns homens, ele é tão exibido e grandão que chega a empurrar a pele na região, deixando clara a sua presença ali no pescoço. Já notou?

- Todo mundo tem pelinhos no nariz. Um monte deles e bem pequenos. Essa cabeleira serve como um filtro, tentando barrar ali mesmo, na entrada, as sujeiras que possam vir com uma puxada de ar. E quando isso acontece, ganhamos melecas, que nada mais são que sujeiras enroladas em muco pegajoso especialmente produzido como armadilha para coisas indesejáveis.

- Além de serem os bambambãs da respiração, os pulmões também têm tudo a ver com a nossa capacidade de bater papo, porque são eles que fazem o ar passar pelas cordas vocais, produzindo assim o som da nossa voz.

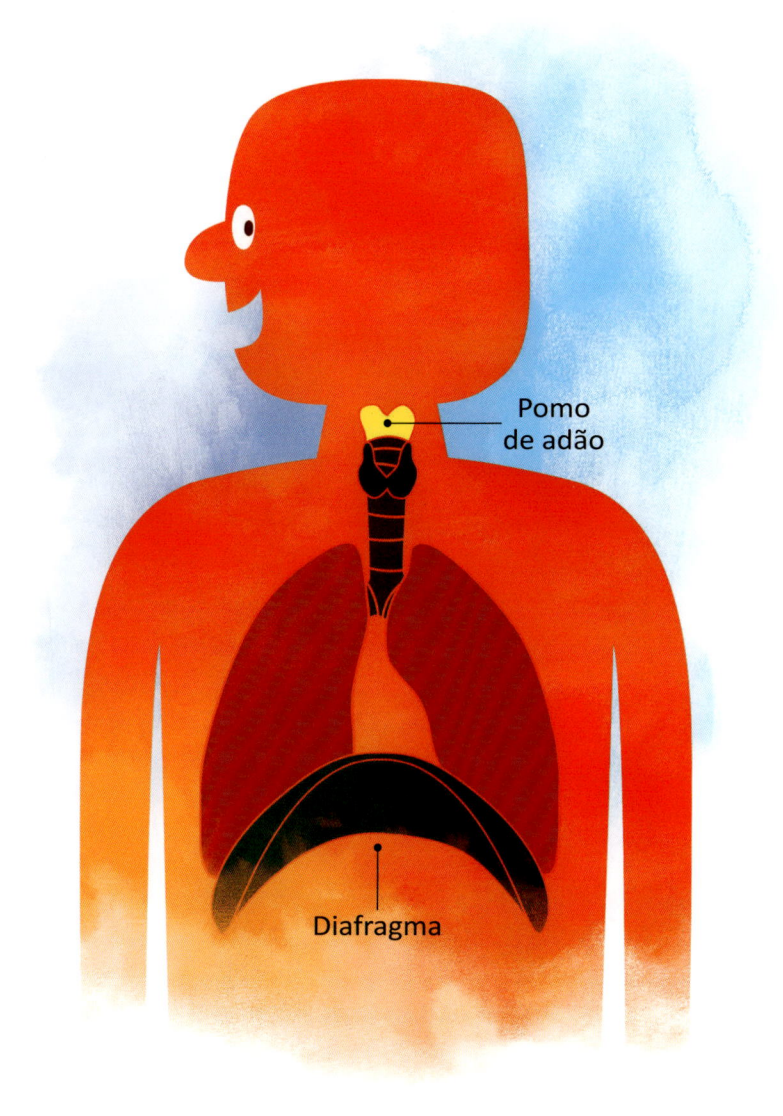

Desfile ANUAL Cocô Chamel

## ROTEIRO 6

# O NOTÓRIO DUO DIGESTÓRIO/EXCRETÓRIO

Você até pode comer pelo prazer de devorar delícias. Mas a real é que a gente precisa comer para viver. Sem comida, não temos energia para fazer nadica de nada. Só que não basta colocar o rango na boca e já sair por aí energizado. O corpo precisa picotar, bater, amassar e jogar umas enzimas e ácidos bravos em cima dos alimentos – ou seja, digerir tudo o que engolimos – para retirar daquela maçaroca o que vai ser levado para cada uma das nossas células como combustível básico pro nosso organismo se manter vivo e serelepe na passarela da vida.

Esse processo maravilhoso separa lá no meio do caminho o que é útil do que é inútil para o nosso corpo. O que dá para aproveitar, você já sabe que vai parar nas suas células. Já o que não vai ser usado é dispensado, jogado fora, eliminado do sistema digestório.

Outra coisa totalmente indispensável para o funcionamento do nosso querido corpo é a água. E aí rola a mesma coisa: você toma uns goles (ou aproveita o caldinho que vem na comida, tipo quando chupa uma laranja) e isso passa por um monte de recantos internos, para prestar serviços aqui e ali, e ainda atuar como caminhão líquido levando para a privada coisas que não podem nem devem ficar dentro da gente.

### DESFILE NOJENTOSHOW

Cada refeição abre as portas de um novo desfile Nojentoshow que começa na **boca**. Enquanto os dentes fazem o trabalho de esmigalhar as delícias que você devora, a **saliva** joga uma chuva de enzimas sobre a comida para dar uma acelerada potente no processo.

Dali, o desfile é direto, de cima pra baixo, e mais ou menos reto. A boca passa o bololô de alimentos amassadões (oficialmente chamado de "**bolo alimentar**") para o **esôfago** assim que abrimos a portinhola que é a **epiglote** – aquela que fica na garganta e evita que a comida vá para os pulmões, lembra?

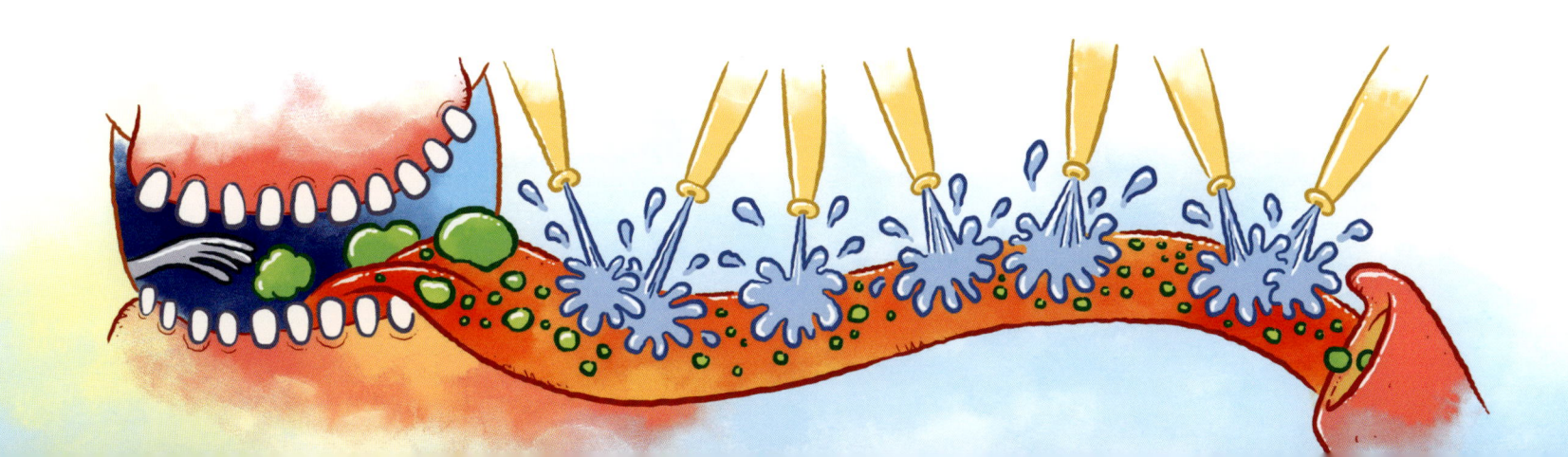

Lá no esôfago, esse amontoado segue até chegar ao **estômago**. Esse caminho boca-estômago é todo feito com a ajuda dos músculos lisos, que já vimos noutro roteiro aqui e que vão se contraindo automaticamente e empurrando tudo para baixo.

O estômago faz uma coisa um tanto performática, quase um *show*. Ele espanca pra valer o bolo alimentar, sem dó, virando e revirando a comida que, a essa altura, já está irreconhecível. E o estômago faz isso ao mesmo tempo que despeja o suco gástrico em cima desse rango destruído. Esse suquinho é um líquido barra-pesada, uma combinação de ácido clorídrico, pepsina (uma enzima digestiva), muco e água.

No final de tudo que rola no estômago, o que sobra é o **quimo**: uma sopa aguada, feia e muito nojenta que você já deve ter visto se vomitou alguma vez na vida. E o quimo vai seguir adiante, descendo em pequenas porções que são liberadas por um esfíncter que fica na porta de baixo do estômago.

Próxima parada: **intestino delgado**.

## DELGADO, GROSSO E RETO: O INTESTINO É UM DIVO!

É no intestino delgado, a parte 1 do intestino, que começa a absorção dos nutrientes e onde rola ainda a quebra das gorduras. Essa região também faz uma coisa ma-ra-vi-lho-sa, que é neutralizar a acidez do suco gástrico com um *splash* paralisante de bicarbonato.

A quebra de gordura acontece quando chega ali, por um caninho, uma incrível poção química produzida pelo **fígado** e que fica estocada na **vesícula biliar** aguardando o momento de entrar em ação. O nome desse líquido é **bile** e basta um esguicho disso pra cima do quimo que, *bum!*, as gorduras se desmancham, virando coisas que o nosso corpo dá conta de absorver.

Depois de dar toda essa volta no delgado, o quimo encara outro esfíncter, que o libera em bocadinhos para o **intestino grosso**, que é, sobretudo, um grande chupador de líquido e sais biliares. E isso é lindo, porque se nenhuma parte do corpo se encarregasse desse enxugamento, a gente ia ter diarreia sem parar.

A pizza, a batatinha frita, a verdura, o bife, o leite com pão, as frutas, as balas e docinhos, tudo isso pode ficar até três dias sendo digerido pelo nosso corpo. E quando uma porção devidamente trabalhada chega à fase final do nosso intestino, ela fica estocada num recanto chamado de **reto**.

O ácido que existe no suco gástrico estraçalha ainda mais a comida e, de quebra, mata boa parte das bactérias que podem ter vindo de brinde com ela. A pepsina, por sua vez, parte pra cima das proteínas. E nessa operação violenta, o muco entra para proteger o estômago – ou ele seria corroído, digerido até o talo pelos poderes desse ácido e dessa enzima. Ah, e a água? Bom, ela está aí para deixar o conjunto mais ralo.

Só que uma hora a capacidade do reto chega ao limite, e o cérebro dá então uma cutucada na gente. E esse é o momento tenso em que pensamos: "opa, preciso ir ao banheiro fazer cocô". Esse aviso bem-vindo tem a ver com aquela tranca feita de músculo liso – o **esfíncter interior** – e que retém ou deixa ir adiante a caca armazenada na reta final da digestão.

Mas a beleza do esquema é a tranca número 2, o **esfíncter exterior**. Lembra dele? Essa barreira de músculo estriado esquelético é controlada por você. Com uma ordem sua, essa portinha geral do seu furiquinho se relaxa e aí deixa, enfim, a caquinha ir nadar na privada. Boa viagem!

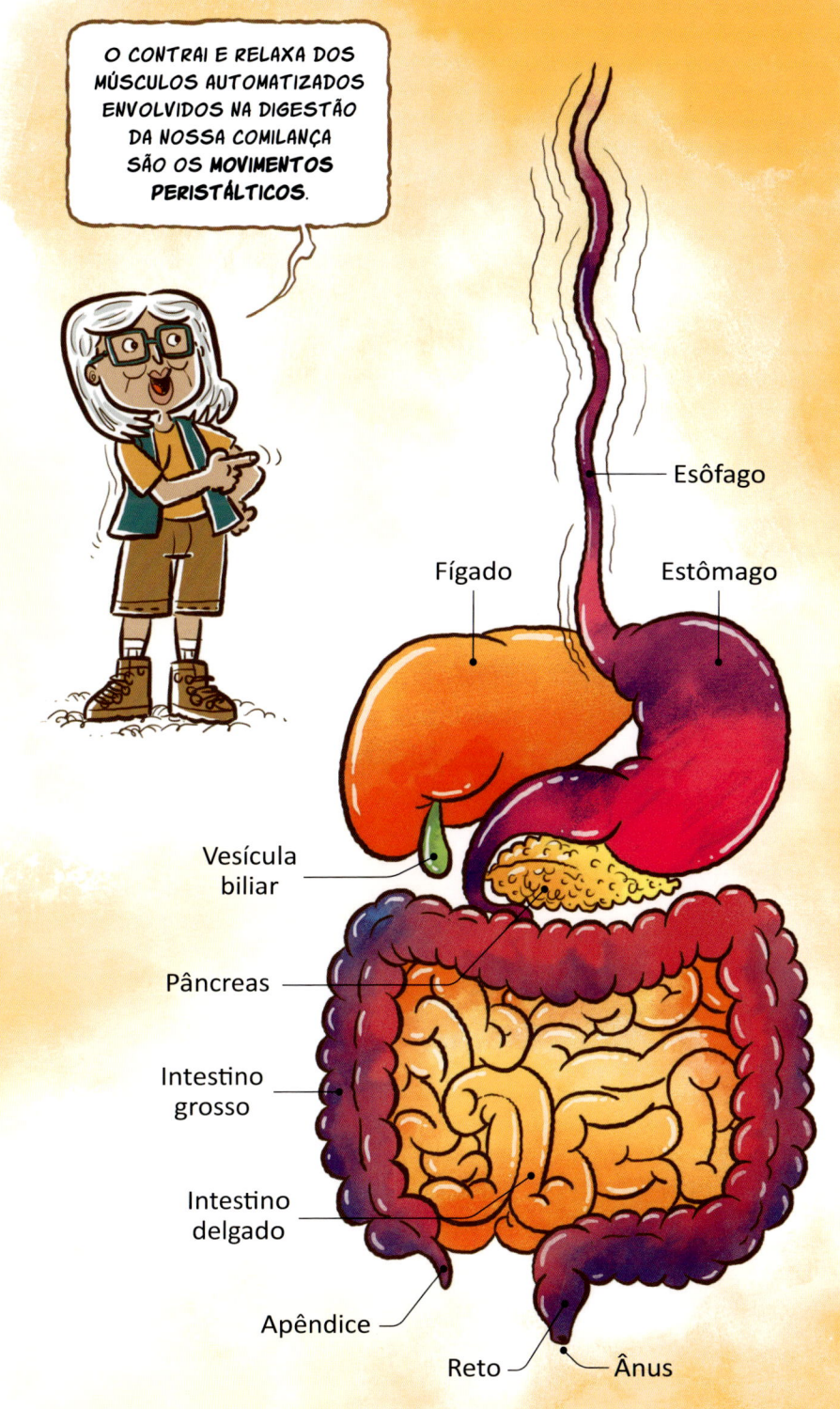

> O CONTRAI E RELAXA DOS MÚSCULOS AUTOMATIZADOS ENVOLVIDOS NA DIGESTÃO DA NOSSA COMILANÇA SÃO OS **MOVIMENTOS PERISTÁLTICOS**.

- Esôfago
- Fígado
- Estômago
- Vesícula biliar
- Pâncreas
- Intestino grosso
- Intestino delgado
- Apêndice
- Reto
- Ânus

## OLHA EU AQUI DE NOVO!

Tem coisa que nosso sistema de digestão simplesmente não dá conta de quebrar. É o caso, por exemplo, da **celulose** que existe na parede das células dos vegetais e que sai quase inteira lá na caca. Você já viu um grão de milho todo amarelindo no meio do seu cocô? Estranho, né? Mas isso não é ruim: as fibras de celulose são ótimas, porque atuam como verdadeiras vassourinhas, ajudando a não deixar nada agarrado nas paredes do intestino e evitando que a gente fique constipado, ou seja, sem conseguir ir ao banheiro.

## OS BASTIDORES DA XIXILÂNDIA

Sabe como é a moda, né? Ela varia. E talvez seja por isso mesmo que uns chamem esse sistema de urinário enquanto outros dizem que ele é o excretório. Independentemente do título, porém, os dois itens mais importantes dos bastidores do nosso xixi são os **rins** e a **bexiga**.

Os **rins** ficam meio que nas suas costas, um de cada lado da coluna vertebral, e mais lá pra baixo, já perto do seu bumbum. Eles são dois filtros de líquidos – mais exatamente de sangue – e têm um formato bem engraçado, tipo bago de feijão, só que bem maior que um grão, claro.

A função principal de cada rim é eliminar as toxinas que podem estar presentes no nosso sangue. Eles empacotam essas tranqueiras indesejáveis numa mistureba de água e sal e mandam para a central de estoque de urina, a bexiga. Eles também despacham pra lá qualquer excesso de líquido que estiver rolando dentro do nosso corpo.

Não vamos nos esticar muito aqui na bexiga, afinal já falamos um bom bocado sobre ela quando mostramos o roteiro muscular.

### BACTÉRIAS

Tem bactéria que só produz encrenca quando chega no nosso corpo. São as patogênicas, que provocam doenças. Outras moram na gente e ficam de boa, sem amolar. E existe ainda um tantão delas que são companheiras e vivem no nosso intestino, onde ajudam demais na digestão.

Elas gostam de comer uns trecos estranhos, até coisa que não está bonita nem cheirosa. O único problema é que elas soltam gases depois que jantam. E como são muitas, acabam provocando na gente a vontade de colocar aquela bufa pra fora, e é nessa hora que soltamos pum!

## XIIIIIIIIII! É CADA COISA!

- Os **ureteres** são dois canudos que deixam o xixi ir dos rins até a bexiga. Já a estrada final da saída da urina é a **uretra**. E no singular, porque é só um caminho e nada mais.

- Num só dia, o nosso sangue todinho é filtrado pelos rins umas quatrocentas vezes!

- Olha só que esquisitão: quando a gente fala que uma coisa tem a ver com o rim, costuma dizer "renal". Tipo cálculo renal, que é um emboladinho duro que pode surgir lá dentro e que, dizem por aí, dói feito mil gigantes sentados em cima da gente. Mas o que acho divertido é que ninguém fala "bexigal" para se referir a coisas lá da bexiga. Já percebeu?

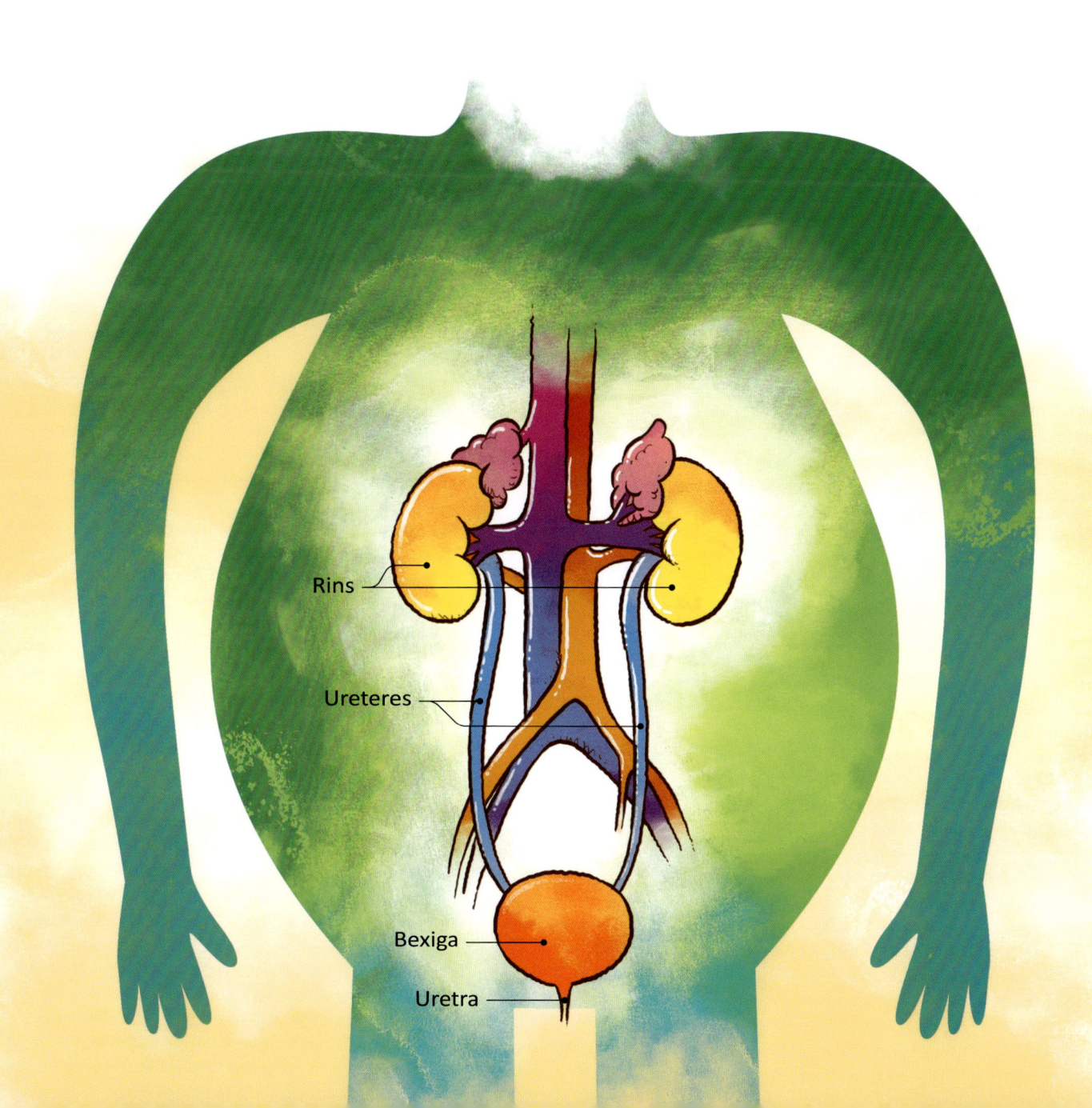

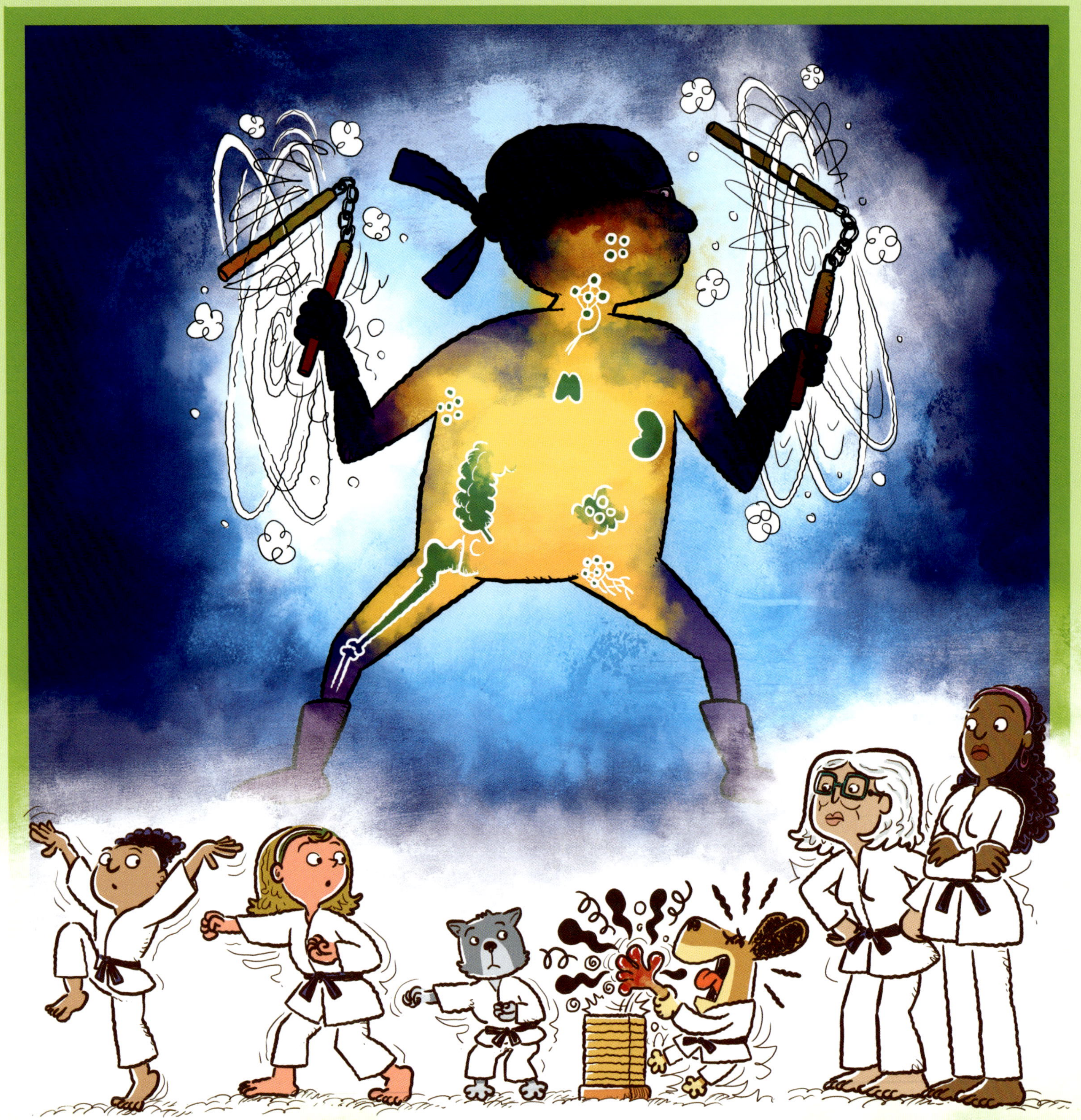

## ROTEIRO 7

# OPA! NÃO IMPORTUNE O SISTEMA IMUNE!

**O** método de defesa do corpo do bicho humano é nível ninja e feito de células especiais, vários órgãos e até um sistema todinho. E faz sentido reunir toda essa galera para essa missão, afinal de contas, precisamos evitar ataques de invasores e as doenças que eles podem causar. Mas, por conta disso mesmo, atenção: não mexa, não perturbe, não importune o sistema imune, porque ele é nossa melhor defesa e, sobretudo, ele é de matar!

Nesse supersistema de defesa, tudo começa com a pele e as nossas mucosas formando um paredão, estilo fortaleza mesmo. Mas se algum serzinho maléfico escapar e chegar chegando, temos outros recursos bem criativos, como a saliva e as lágrimas, por exemplo, que carregam enzimas que dizimam bactérias. Ou o ácido que o estômago dispara para derreter germes variados. Temos até armadilhas feitas de muco e micropelinhos no nariz e nos brônquios, sempre prontas para prender micróbios.

Como se fosse pouco, temos ainda reflexos espertos no melhor estilo artes marciais, como acontece com o espirro, a tosse, o vômito e a diarreia, que nos ajudam a botar na rua da amargura quem entrou sem convite nem boas-vindas. E isso, HAHAHA – maiúsculo de risada maligna –, é só o começo, porque temos células especiais que são megamatantes!

## CÉLULAS MEGAMATANTES

Segura a onda aí porque, mais uma vez, inventei esse nome de megamatantes só pra arrepiar! Se bem que é muito doido mesmo a gente fabricar **glóbulos brancos** (ou **leucócitos**) com vários modelos, cada um com um poder trucidador diferente.

A produção dessas células acontece sem descanso dentro da gente. Assim que elas estão preparadas para o serviço, se mandam para o sangue para realizar seu trabalho, que é o de patrulha e eliminação. Olha só: são pelo menos oito tipinhos diferentes, cada um com suas habilidades e estratégias – uma engole e devora microinvasores; outra invade o germe e envenena tudo lá dentro; tem até as que fabricam anticorpos, umas proteínas em formato de Y que localizam e marcam invasores e que, às vezes, podem também já neutralizar o germe assim, de bate-pronto.

## ESTRANHAS ESTRUTURAS BOAS DE BRIGA

Nosso corpo tem também umas centrais que ficam, dentre outras funções, prontas para atacar qualquer coisinha que der bobeira. No fundo da nossa garganta, a gente tem duas estruturas assim. São as nossas amigas **amígdalas**, duas ninjas supertreinadas para, com a ajuda das tais células especiais, brecar a passagem de germes que chegam pela nossa boca ou nariz.

E as amígdalas não estão sozinhas. Suas companheiras, as **adenoides** (e outras encrenqueiras existentes um pouquinho acima, no fundo do nariz), também estão ali para impedir que o inimigo avance e prejudique a nossa saúde.

Localizados em pontos estratégicos pelo corpo afora, os **linfonodos** formam uma poderosa rede protetora. Essas estruturas (que mais parecem um embolado de feijõezinhos) são filtradoras de um líquido chamado **linfa** e, fazendo isso, os linfonodos aproveitam para agarrar e neutralizar germes.

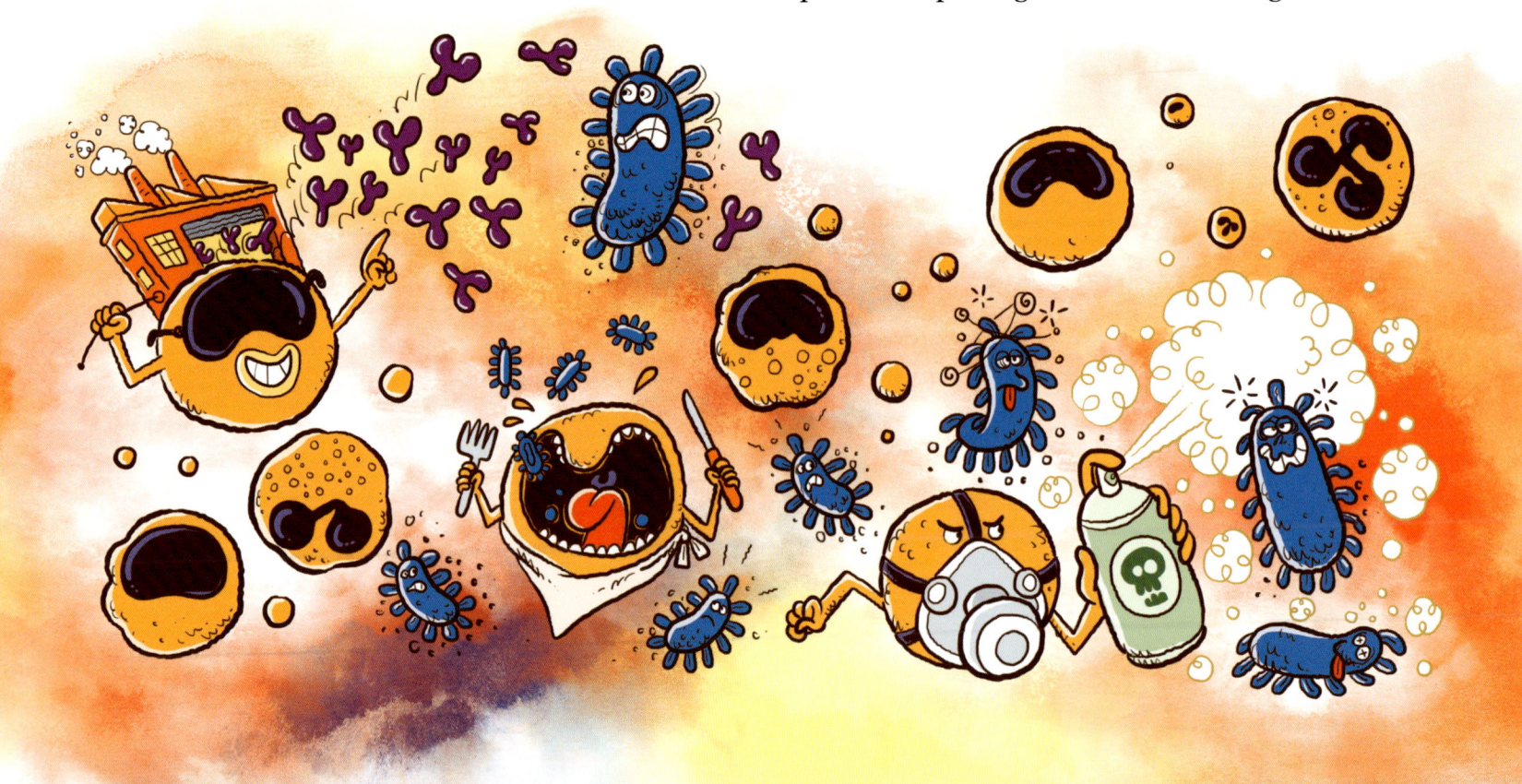

OPA! NÃO IMPORTUNE O SISTEMA IMUNE! **47**

> DE VEZ EM QUANDO, DÁ PRA SACAR ONDE UM LINFONODO SE ENCONTRA. ISSO ACONTECE QUANDO ELES ENTRAM EM COMBATE CONTRA UM INVASOR E FICAM INCHADOS E DOLORIDOS. O MAIS FÁCIL DE SENTIR É QUANDO A GENTE ESTÁ COM DOR DE GARGANTA.

> COLOCANDO OS DEDOS NO PESCOÇO, BEM PERTINHO DO OSSO DO QUEIXO, ÀS VEZES DÁ PARA PERCEBER UM INCHAÇO ALI, EM UM OU NOS DOIS CANTOS. JÁ ROLOU COM VOCÊ?

Os anticorpos têm uma beleza de memória! Quando esses mestres têm contato com qualquer tranqueira invasora, eles gravam os detalhes desse encontro. Quando chega outro penetra do mesmo tipo, a receita de como acabar com o invasor está prontinha. O resultado disso é que a gente consegue combater uma mesma doença cada vez mais rápido.

O nosso corpo faz isso de montão, só que às vezes ele recebe um empurrão chamado vacina, que já chega dando uma aula de defesa antecipada. A vacina ensina os anticorpos a reconhecer e eliminar os invasores, que podem até nem pintar ali, mas que, se cometerem a ousadia de aparecer na área, vão tomar um grande bota-fora!

## NINJAS MAIS EXIBIDOS

O **timo** é um órgão pequeno que se esconde entre os pulmões e o coração, bem atrás do osso comprido que temos no meio do peito. Ele funciona como um dojô (que é um lugar em que a gente treina artes marciais), onde glóbulos brancos ficam se aperfeiçoando até estarem prontos para suas missões.

Enquanto isso, o **baço**, que mora ali perto do estômago, é especializado em encarar de frente microinvasores nervosinhos, colocando na roda umas células especiais que estão sempre de plantão. E como o baço não curte embaço, ele aproveita a oportunidade para dar outra bela filtrada no sangue, ao mesmo tempo que controla a quantidade de diferentes células que boiam na nossa corrente sanguínea (glóbulos brancos, glóbulos vermelhos e plaquetas). Aliás, se nessa peneira o baço achar um glóbulo vermelho que não esteja mais nos trinques para cumprir suas obrigações... bau-bau! Ele recolhe e elimina aquilo, sem dó.

Por fim, temos o **intestino**, que tem dois esqueminhas diferentes de combate. Por ali vivem vários glóbulos brancos fazedores de anticorpos, que identificam, marcam e destroem micróbios não queridos. Mas no pedaço tem também mais um tantão de bactérias do bem, que nos ajudam a digerir melhor o que comemos. E essa galera cria um ambiente muito exclusivo, chamado **flora intestinal**, que não deixa espaço para nenhum estranho chegar botando banca e fazendo cara de mau.

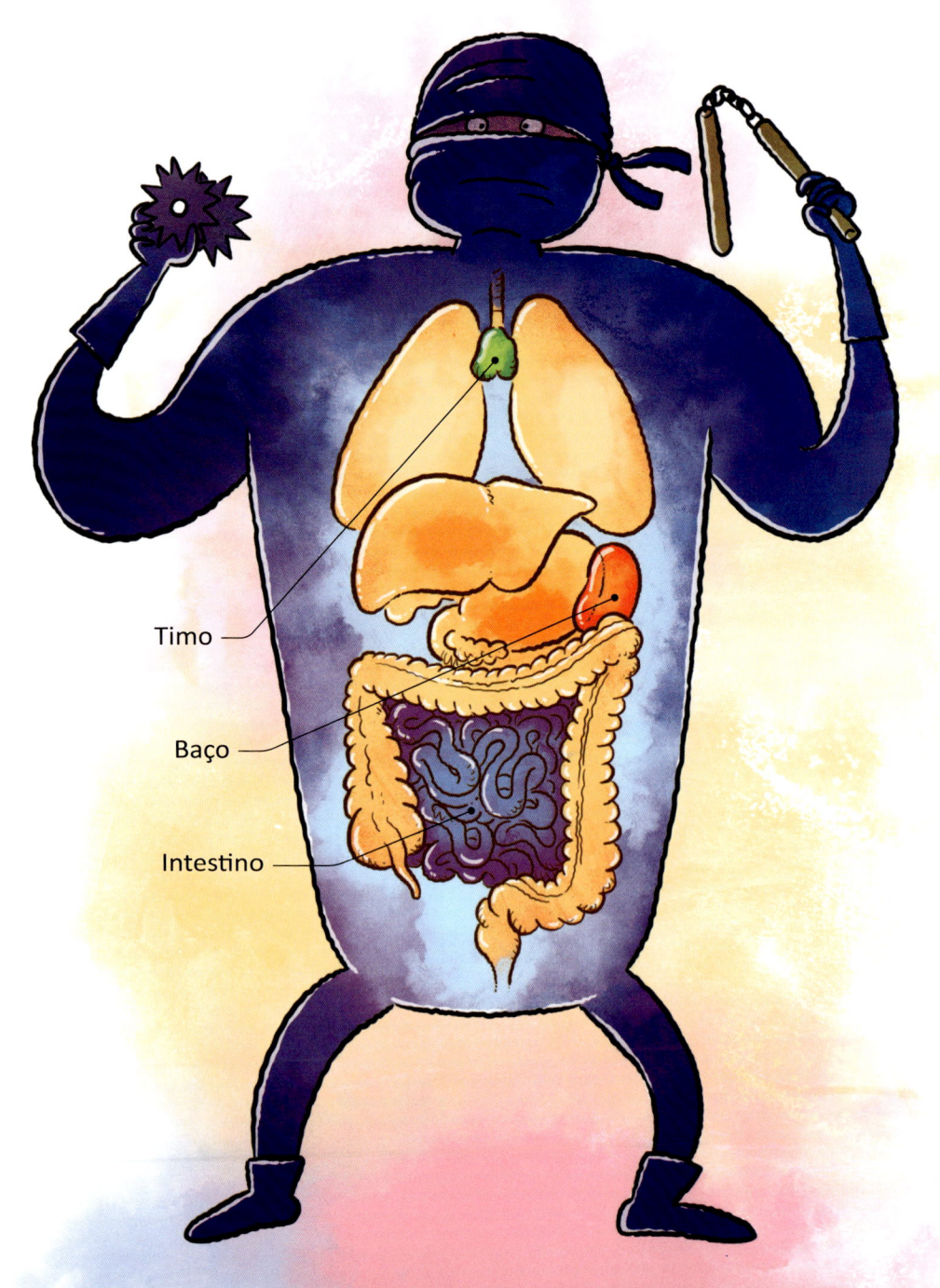

## CURIOSIDADES SOBRE A NOSSA IMUNIDADE

- Tá mal aí com um resfriado? Pois saiba que quem criou esse mal-estar todo não foi a doença, mas a reação do nosso sistema de defesa, que está ali descendo o bambu e rodando a voadora pra cima dos germes.

- Para fazer as células chegarem ao local do ataque invasor, nosso organismo envia mais sangue para o lugar onde a encrenca está acontecendo. Para isso, os vasos sanguíneos do pedaço ficam mais espaçosos, mais grossos. É isso que a gente vê numa inflamação: o lugar esquenta, fica vermelho e inchado.

- Há uma lista bem comprida de tipos de leucócitos, mas para esse roteiro vamos destacar apenas três bem poderosos:

**FAGÓCITOS**
Engolem bactérias e outras células estranhas

**EOSINÓFILOS**
Matam aquilo que é grande demais para os fagócitos jantarem

**LINFÓCITOS**
Reconhecem inimigos e produzem anticorpos

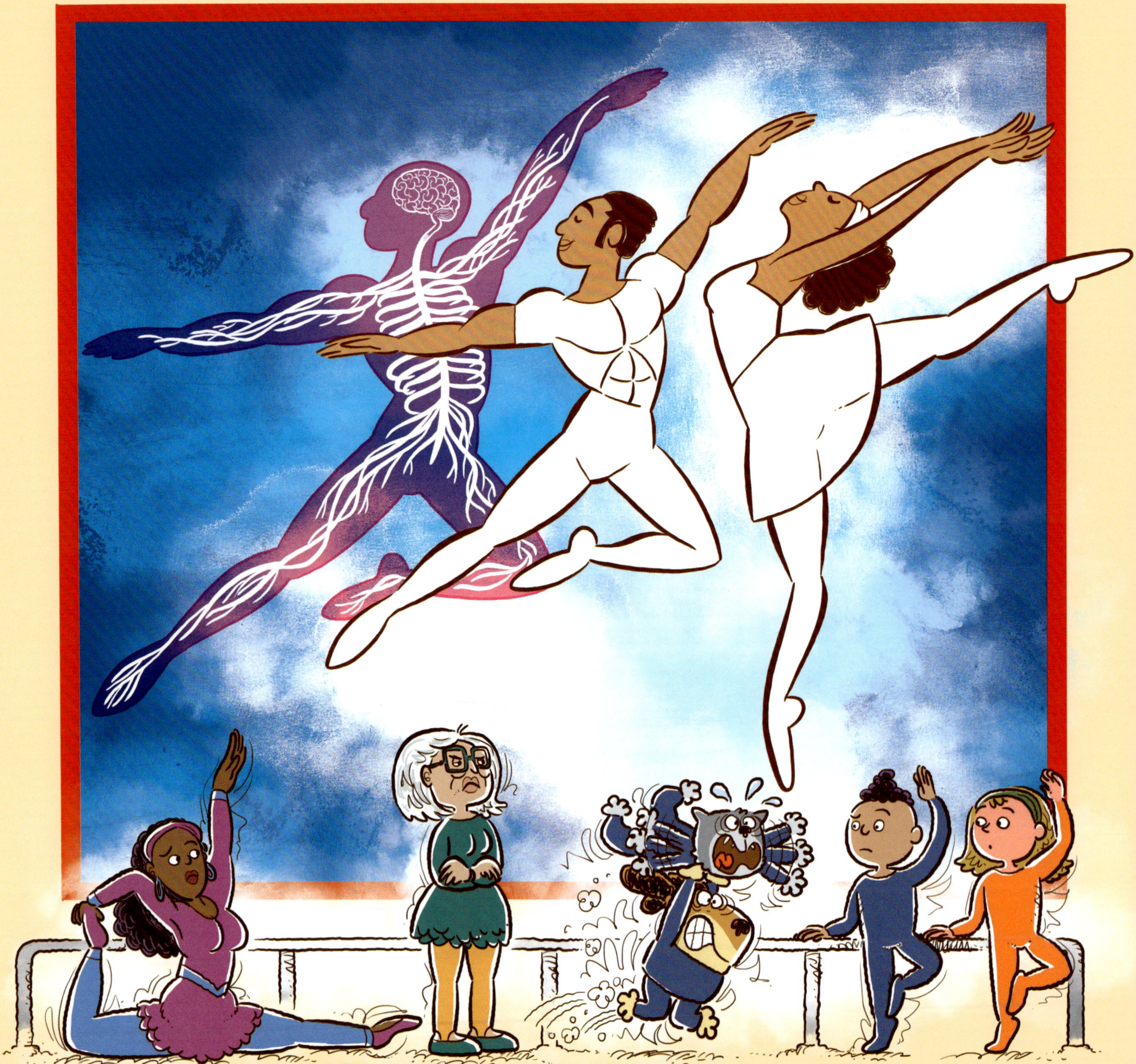

## ROTEIRO 8

# O GRACIOSO SISTEMA NERVOSO

Este é um roteiro agitado, no qual uma rede eletrizante passa 24 horas por dia, sete dias por semana, recebendo informações, processando dados e disparando ações. Ele funciona como um balé de mensagens que vêm e vão enquanto executam três tipos de serviços essenciais.

O primeiro trampo dessa dança de sinais tem uma função **sensitiva** ❶, que faz com que o sistema nervoso fique anotando tudo o que rola ao nosso redor e ainda tudo o que a parte interna do nosso corpo está informando. Daí, ele pega essas mil anotações e manda tudo direto para o cérebro.

Aí vem a função **integradora** ❷, que é quando a massa cinzenta (vulgo cérebro) recebe a informação e decide guardar uma parte na forma de memória, enquanto usa os dados para definir que atitude vai tomar imediatamente.

Agora é a função **motora** ❸ que entra em operação, tratando de executar a ação que o cérebro escolheu botar em curso depois que recebeu a mensagem do sistema nervoso.

E é desse jeito que o balé funciona.

### ❶ FUNÇÃO SENSITIVA

Você sai de casa sem saber que está o maior frio. Sua pele percebe o problema rapidão e informa de bate-pronto para o cérebro.

### ❷ FUNÇÃO INTEGRADORA

O cérebro analisa a informação "está frio" e decide mandar uns músculos levantarem os pelos numa tentativa (meio fraca, né?) de criar um cobertorzinho ambulante. Ele também sugere que você volte para casa e ainda anota na memória: "dia nublado, bem cedo de manhã, pode fazer frio, lembre-se disso".

### ❸ FUNÇÃO MOTORA

Os músculos acatam o comando do cérebro e fazem os pelos ficarem de pé. Os músculos da perna e tudo mais também seguem a decisão e você se movimenta de volta para casa.

## OS BAILARINOS

Quem executa as tarefas básicas do ir e vir de informações no sistema nervoso são os **neurônios** (e em alguns lugares rola a assistência de células da **glia**, que a gente vai conhecer logo mais).

Os neurônios têm um jeitinho muito especial de ser. Eles parecem uma barra com duas pontas cabeludas. Numa extremidade, há uns raminhos, que são os **dendritos**. A barra em si é o **axônio**. E os neurônios terminam com mais uns raminhos lá na outra beira.

Na maior parte dos casos, existe ainda um **núcleo**, que fica perto dos dendritos. Mas, em certos tipos de neurônios, os núcleos surgem no meio do axônio ou até mesmo parecem um caroço assim, meio de lado.

Os neurônios ficam recebendo e transmitindo mensagens que são sinais elétricos. Só que eles não se encostam. Há sempre um espaço entre um neurôniozinho e outro. E isso cria um desafio na hora de passar a informação adiante, porque a eletricidade não dá esse pulinho por conta própria.

Para contornar isso, essas células lançam mão de um truque maneiro: elas liberam substâncias químicas que conseguem passar sem problemas do fim do axônio para o dendrito de um colega bailarino, garantindo que o recado chegue ao seu destino final. Esse processo é a **sinapse**.

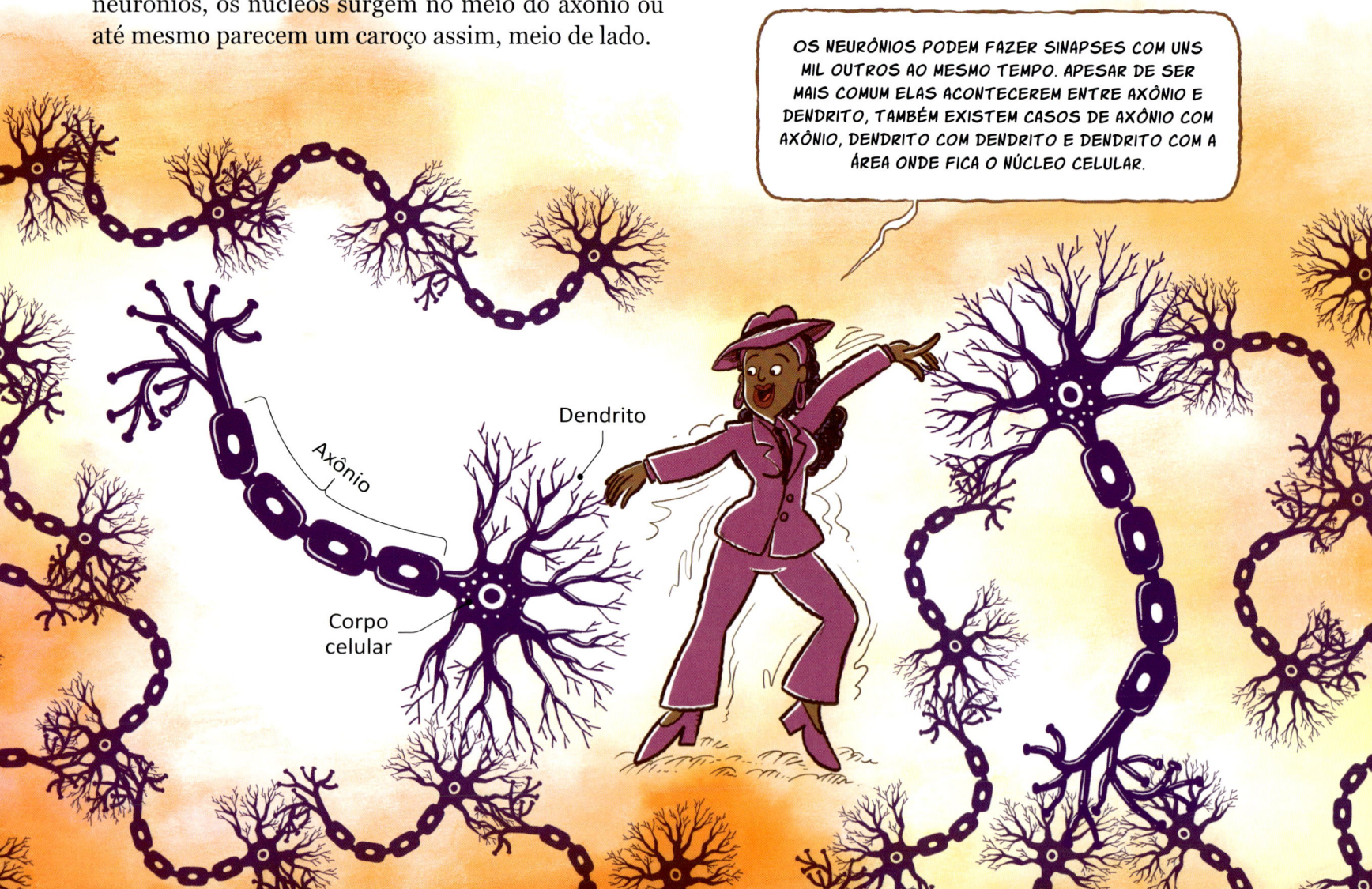

> OS NEURÔNIOS PODEM FAZER SINAPSES COM UNS MIL OUTROS AO MESMO TEMPO. APESAR DE SER MAIS COMUM ELAS ACONTECEREM ENTRE AXÔNIO E DENDRITO, TAMBÉM EXISTEM CASOS DE AXÔNIO COM AXÔNIO, DENDRITO COM DENDRITO E DENDRITO COM A ÁREA ONDE FICA O NÚCLEO CELULAR.

Axônio

Dendrito

Corpo celular

## QUEM É QUEM NESSA DANÇA?

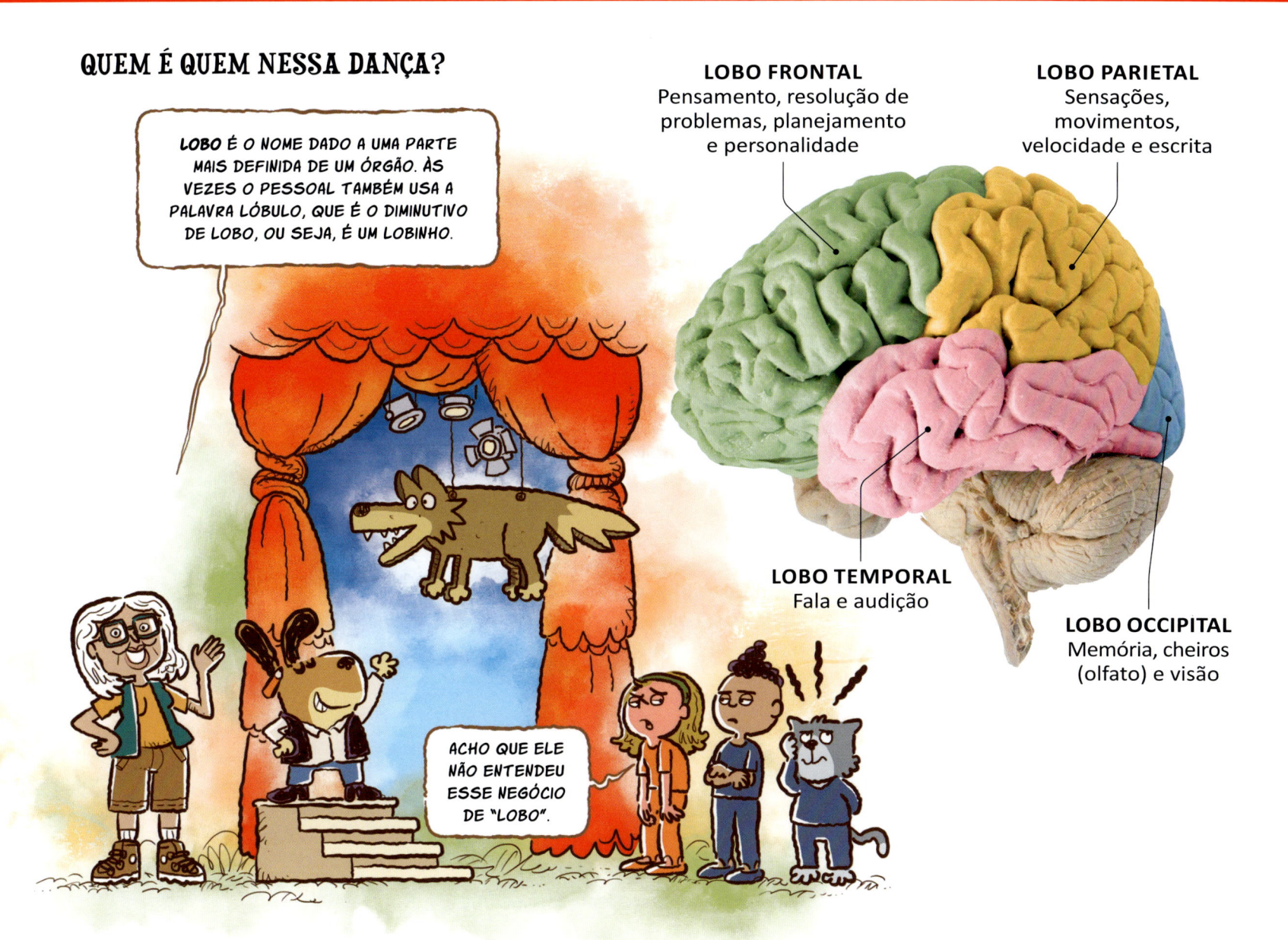

**LOBO** É O NOME DADO A UMA PARTE MAIS DEFINIDA DE UM ÓRGÃO. ÀS VEZES O PESSOAL TAMBÉM USA A PALAVRA LÓBULO, QUE É O DIMINUTIVO DE LOBO, OU SEJA, É UM LOBINHO.

ACHO QUE ELE NÃO ENTENDEU ESSE NEGÓCIO DE "LOBO".

**LOBO FRONTAL**
Pensamento, resolução de problemas, planejamento e personalidade

**LOBO PARIETAL**
Sensações, movimentos, velocidade e escrita

**LOBO TEMPORAL**
Fala e audição

**LOBO OCCIPITAL**
Memória, cheiros (olfato) e visão

## AS TURMAS DO BALÉ NERVOSO

Bilhões de neurônios enviam e recebem sinais elétricos e químicos o dia inteiro, em tudo quanto é milímetro do seu corpo. Esse coletivo todo se divide em duas equipes.

A turma 1 agita a sua vida no **sistema nervoso central**, uma rede de bate-papo e tomada de decisões possante que envolve, dentre outros itens, o cérebro, o cerebelo e a medula espinhal.

O cérebro e o cerebelo se escondem na nossa cabeça, debaixo de um osso protetor. Dali desce uma espécie de rabo, muito importante, que é a nossa medula espinhal – e a gente sugere aqui uma paradinha para que você possa apreciar melhor cada uma dessas paisagens.

O **cérebro** é mais ou menos do tamanho de uma couve-flor pequena. Ele é o chefe geral e conta com diferentes partes organizando cada mínimo detalhe do que a gente faz.

**A** | **B**
Hemisfério esquerdo | Hemisfério direito
Controla o lado direito do corpo | Controla o lado esquerdo do corpo

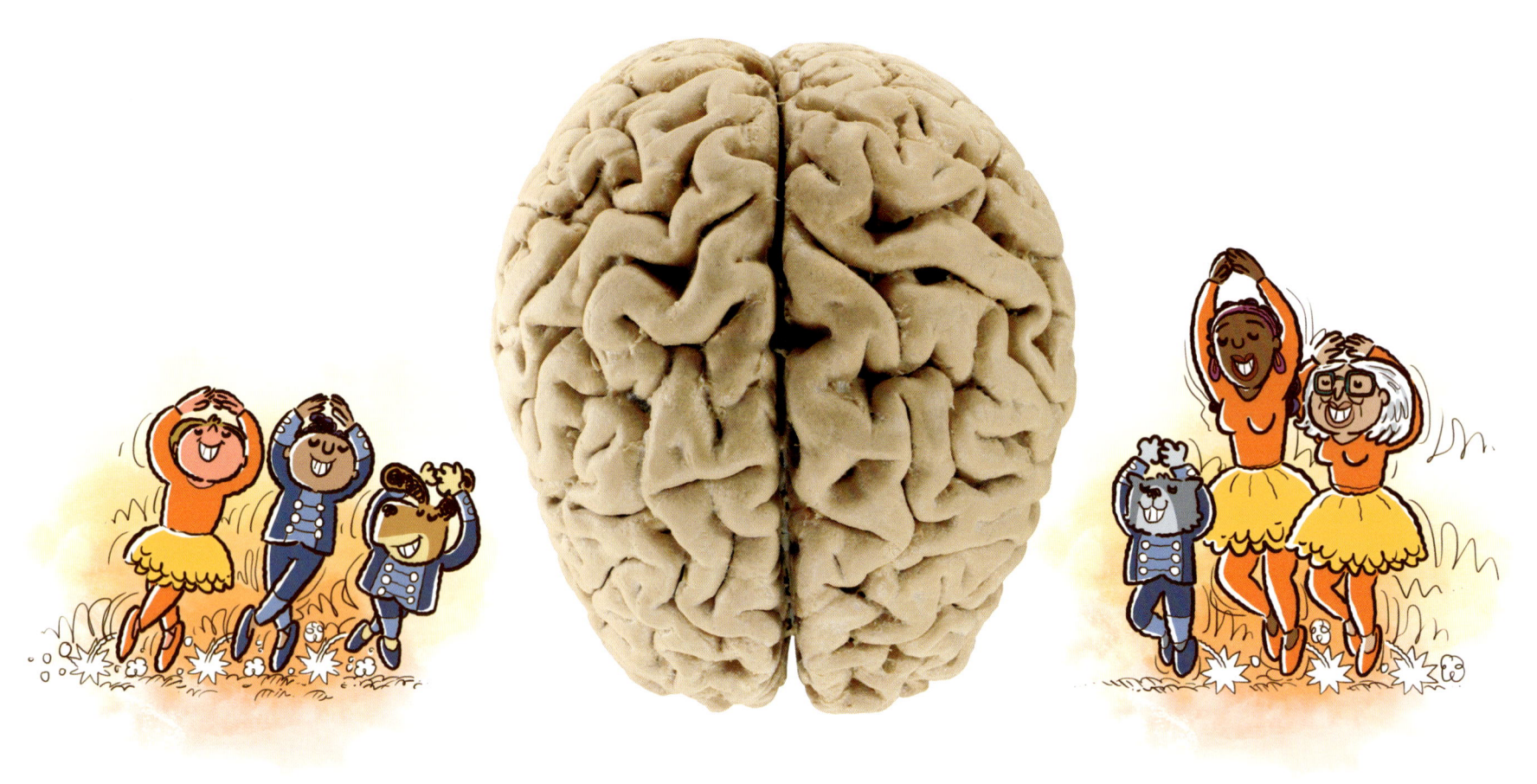

Olhando o cérebro de cima, dá para notar que ele possui um lado A e um lado B, que oficialmente são o hemisfério esquerdo e o hemisfério direito. Cada um deles controla uma banda do seu corpo, mas invertido.

Coladão atrás do cérebro está o **cerebelo**. Esse nome significa minicérebro em latim, e até que faz algum sentido, porque esse é mesmo um órgão bem menor que o seu irmão grandão. A função principal do cerebelo é cuidar da nossa postura, equilíbrio e coordenação motora, mas os cientistas estão ainda estudando melhor esse nosso pedaço e pode vir novidade por aí.

Já o rabicho que sai do fim da cabeça e vai até a metade das nossas costas é a **medula espinhal**: um tubinho que desce dentro de um túnel no centro da nossa ossuda coluna vertebral e que é a estrada principal onde se dá aquele vaivém de mensagens entre os órgãos da cabeça e o restante do corpo. Ou seja, é a parte que conecta o sistema nervoso central à turma 2: o nosso **sistema nervoso periférico**.

A turma 2 de bailarinos neurônios se dedica ao sistema nervoso periférico, que se espalha do sistema central até outras esquinas, bordas e paragens do nosso corpo. Ele é ao mesmo tempo uma agência de espionagem e uma agência do correio atuando no despacho de informações e ordens onde o sistema nervoso central não está presente.

O balé da periferia do sistema nervoso é composto de **nervos, gânglios e terminações nervosas**. Cada nervo é uma coleção de axônios juntinhos. Às vezes, eles se conectam diretamente ao cérebro, como acontece com os nervos dos olhos, ouvidos, nariz e boca. Em outros casos, ligam-se à medula espinhal, que fica responsável pela conexão com o cérebro.

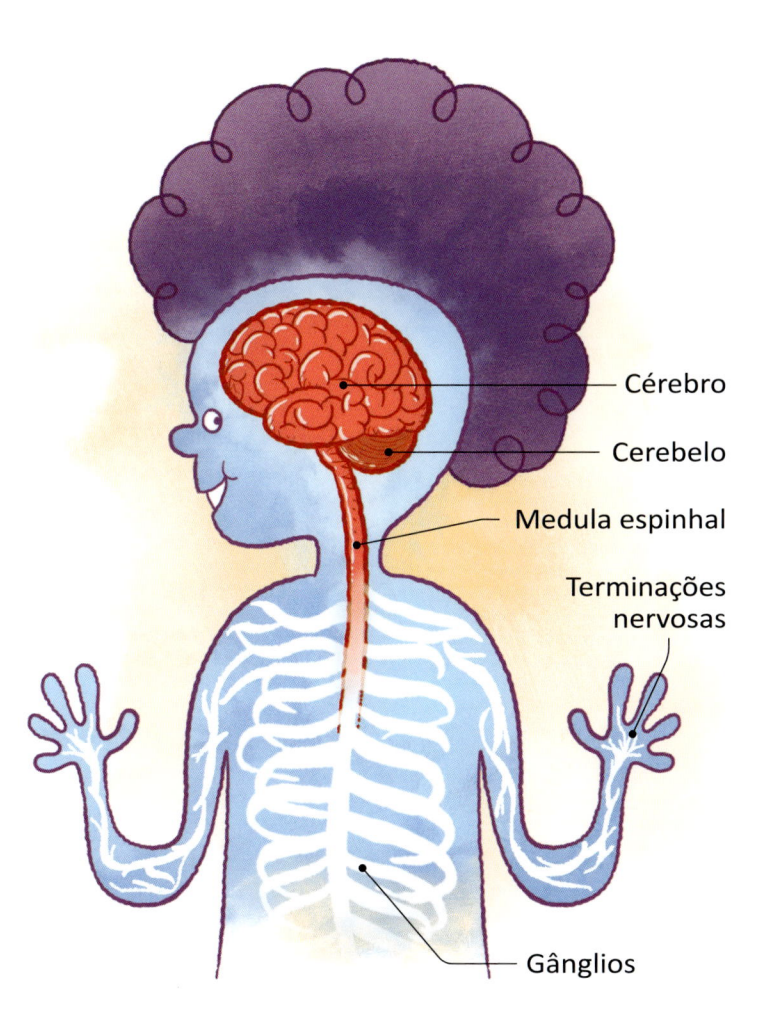

## PASSOS E COMPASSOS CURIOSOS

- Sabia que o cérebro tem a manha de produzir eletricidade? Pois se a gente conseguisse ligar uma lâmpada à nossa massa cinzenta, daria até para acendê-la. E, falando nisso, por que essa expressão "massa cinzenta"? Porque o cérebro é mesmo dessa cor e só parece meio rosado, pois tem uma capinha e muitos vasinhos de sangue perambulando por ali.

- Sempre que você aprende alguma coisa – na escola, na vida, nos seus relacionamentos com outras pessoas –, a estrutura do seu cérebro muda um tiquinho, porque os neurônios formam novas rotas de conexão.

- Os nervos passam por entre os músculos, usando esse amontoado de carninha como uma espécie de almofada de proteção.

- O nervo ciático é o maior que a gente tem e é também o mais gordinho de todos. Ele surge lá na popa do bumbum e desce até o pé.

- Cérebro
- Cerebelo
- Medula espinhal
- Terminações nervosas
- Gânglios

ESSA COISA TODA PERIFÉRICA DA TURMA 2 É DIVIDIDA ENTRE UM **SISTEMA NERVOSO SOMÁTICO**, QUE É O QUE FAZ VOCÊ TOMAR DECISÕES, E UM **SISTEMA NERVOSO AUTÔNOMO**, QUE É O ENCARREGADO DE COISAS COM AS QUAIS VOCÊ NEM PRECISA SE PREOCUPAR – COMO FAZER O CORAÇÃO BATER.

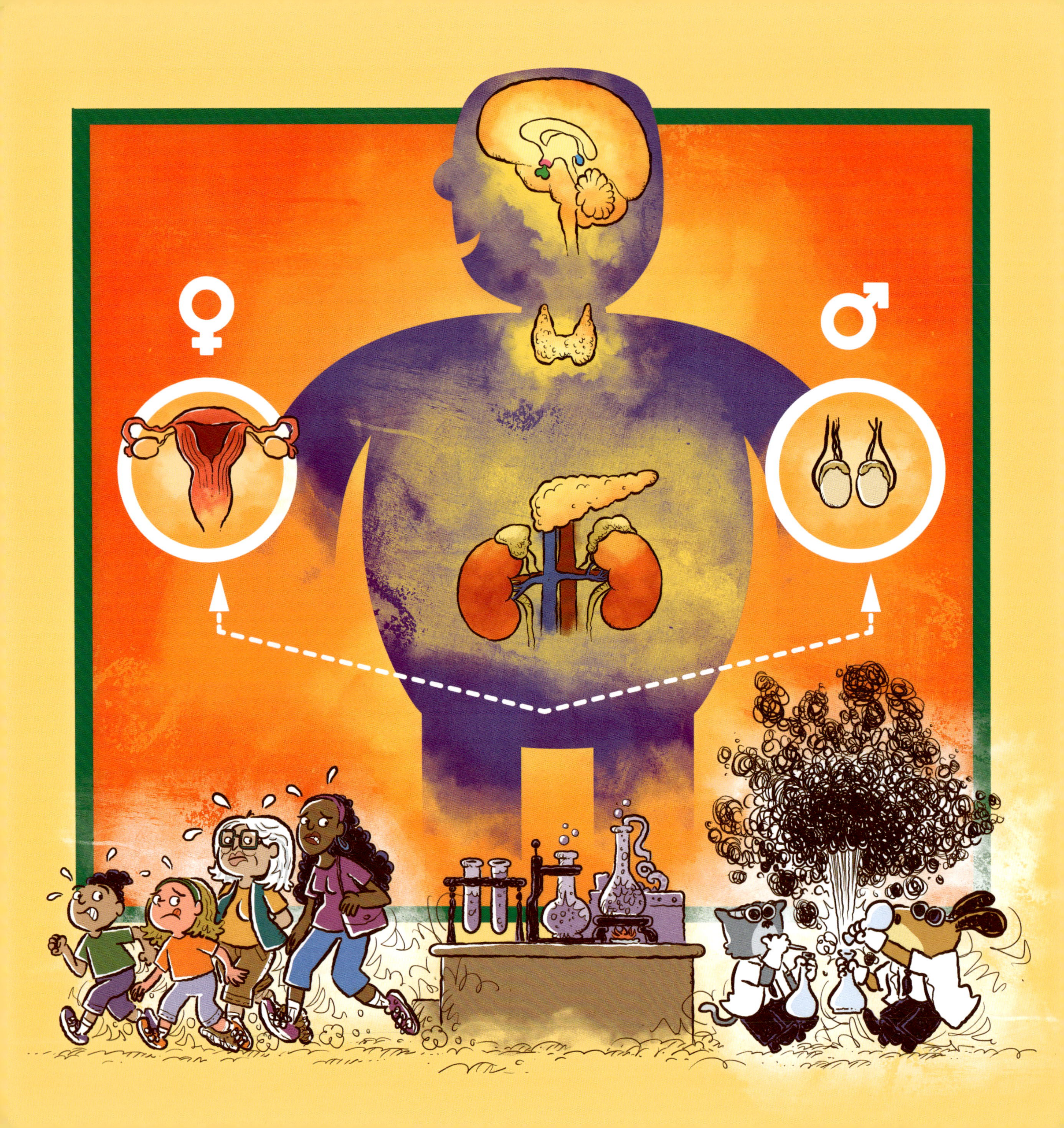

## ROTEIRO 9

# O EXÓTICO SISTEMA ENDÓCRINO

Vários órgãos e glândulas podem ser vistos em plena ação neste roteiro, fabricando e botando na roda substâncias muito especiais chamadas **hormônios** e jogando isso tudo direto na corrente sanguínea.

Agora, por que eu acho o sistema endócrino exótico, estranho, mirabolante, esquisito, estrambótico? Porque ele parece um laboratório com uma rede de comunicação muito doida, fabricando poções químicas cheias de poderes muito especiais. Espia só!

## QUEM VIVE NESSE ESTRANHO E EFICIENTE LABORATÓRIO?

Aqui vivem os fabricantes de hormônios, hormônios e mais hormônios que, por sua vez, são substâncias químicas que têm, ao mesmo tempo, o papel de mensageiras, controladoras e coordenadoras de muita coisa que rola dentro da gente.

Também dá para dizer que os hormônios são umas poções muito importantes e muito boas de serviço, porque basta uma quantidade pequenininha deles para provocar uma avalanche de respostas no nosso corpo.

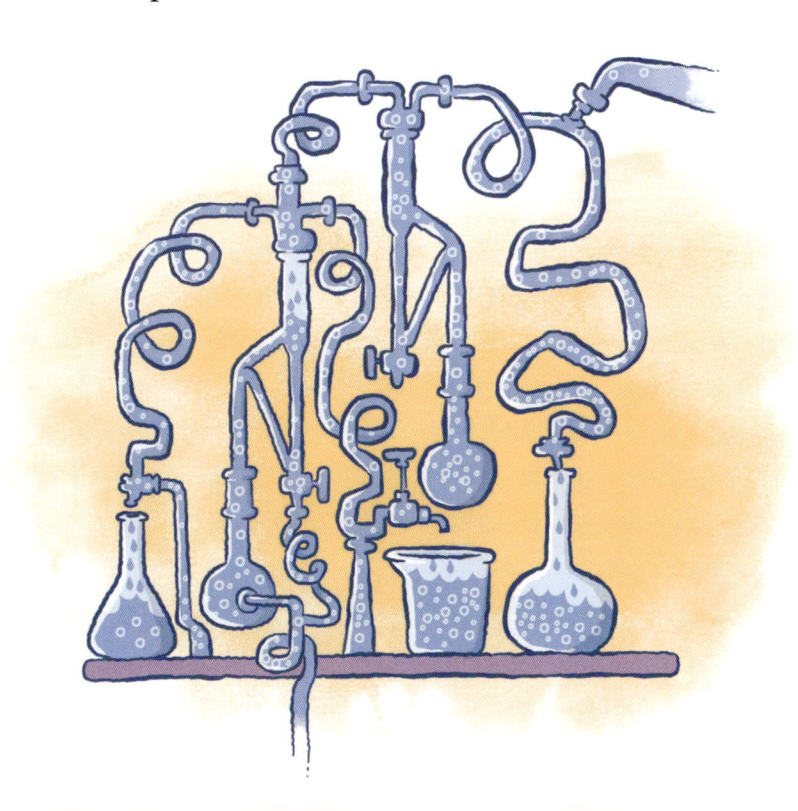

### TIPOS DE GLÂNDULAS

**ENDÓCRINA**
Solta seus hormônios direto na corrente sanguínea

**EXÓCRINA**
Solta seus hormônios ou outras poções em um tubo que vai levar tudo isso para outro canto

## AS UNIDADES DOS HORMOLABS

Os fabricantes de hormônios são um pouco diferentes, dependendo do sexo da pessoa. Bora ver primeiro os que se repetem tanto nos manos quanto nas minas.

Lá na cabeça temos o **hipotálamo**, que é uma fábrica de hormônios e um gerente geral de quase tudo que o exótico sistema endócrino agita. Ele também é o cara quando o assunto é regular a nossa temperatura, nosso apetite, nossa sede... Ah, em especial, ele tem tudo a ver com as nossas emoções.

Mais abaixo, temos a **glândula pituitária** ou **hipófise**, que é outra que dá palpite numa lista de coisas: pele, cérebro, o sistema que cuida da nossa imunidade, os ovários das minas, os testículos dos manos, e ainda os músculos, os ossos, os rins e muito mais.

Por ali no centro do cérebro encontramos ainda a **glândula pineal**, fabricante do hormônio melatonina, que faz um serviço massa demais: prepara o nosso corpo para se desligar, deixando a gente no ponto de dormir.

Mas aperta o botão aí do elevador para descermos até a **tireoide**. Essa glândula tem um formato parecido com o de uma borboleta de asas abertas. Ela fica no pescoço e de lá dispara hormônios que controlam o ritmo das batidas do nosso coração, a nossa digestão, o nosso crescimento, o serviço de manutenção da nossa pele e mais um monte de coisas.

Mais embaixo ainda, a gente dá de cara com as **glândulas suprarrenais** (ou **adrenais**). Esses hormolabs ficam montados em cima dos rins e produzem hormônios que colaboram com o controle da pressão com que o nosso sangue circula, o *tum-tum* do coração, o nível de sal e potássio presente no sangue e até mesmo a quantidade de suor que produzimos.

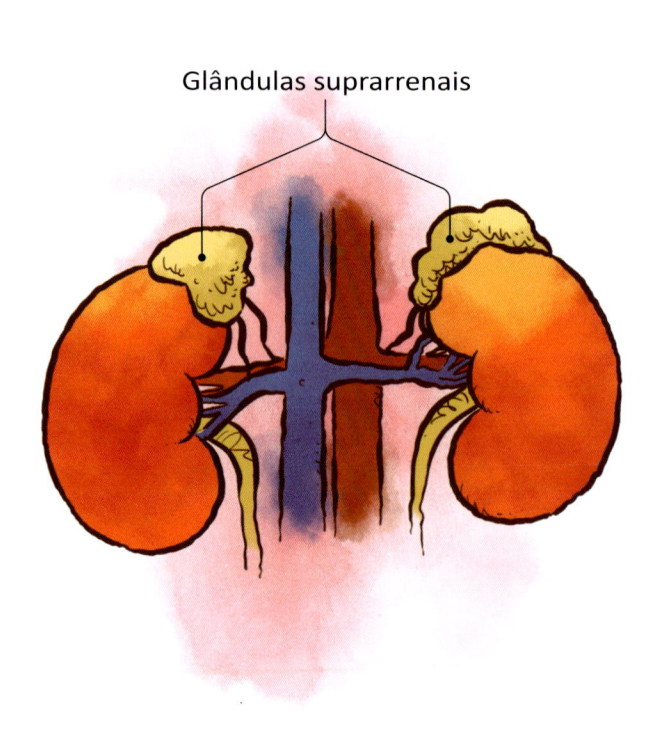

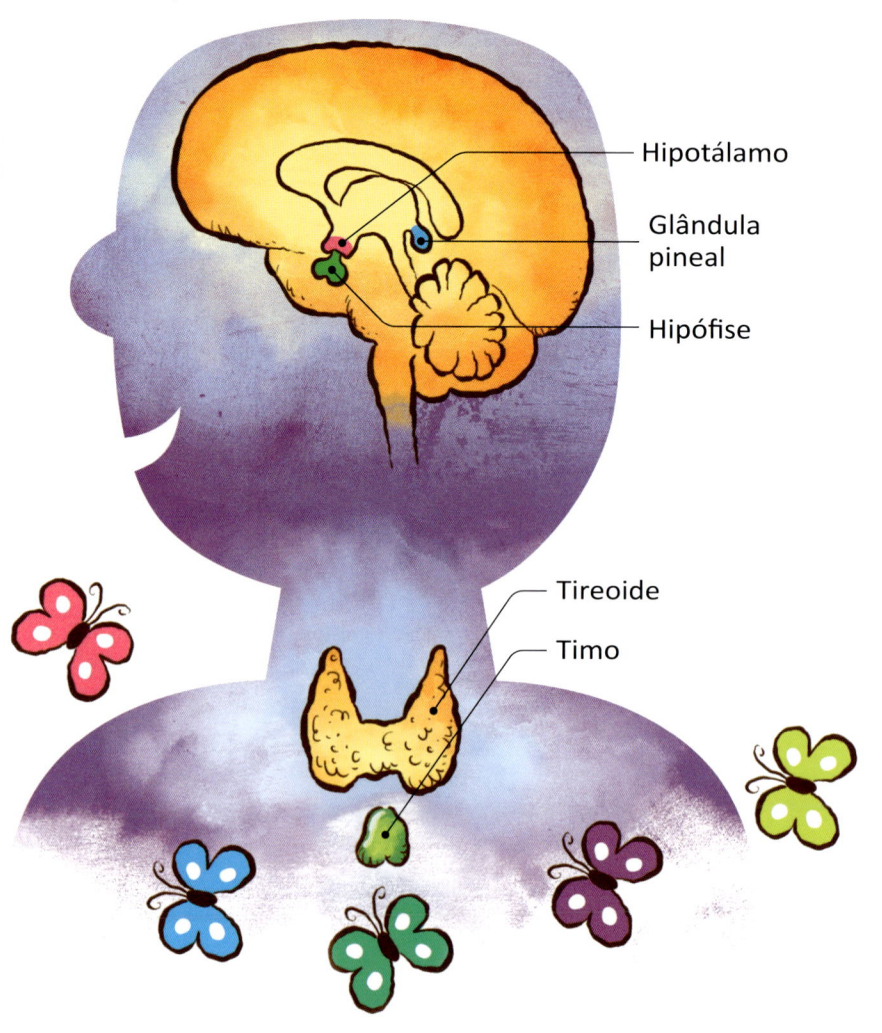

Glândulas suprarrenais

Hipotálamo
Glândula pineal
Hipófise
Tireoide
Timo

## DESTAQUES DESSE SISTEMA ESQUISITÃO-TÃO-TÃO

Eu dei este destaque aqui no nosso roteiro porque acho esses casos bem diferenciados. O **pâncreas**, por exemplo, se esconde atrás do estômago e é um órgão compridinho com um formato muito próprio. Dentre outras obrigações, ele faz o lançamento de um hormônio regulador do nível de açúcar no sangue: a famosa **insulina**.

**Ovários** e **testículos** também merecem um tratamento especial neste roteiro – e aqui é importante saber que não estamos falando sobre questões de gênero, mas somente de aspectos físicos. Ovários são exclusividade de quem nasce com corpo de mina e aparecem aqui no plural porque são dois. Eles preparam hormônios ligados ao crescimento dos seios e a outras características do corpo, e têm tudo a ver com a formação e o crescimento de um bebê quando rola uma gravidez.

Já os testículos são coisa só de quem nasce com corpo de mano. Eles também andam em dupla e geram hormônios que vão ajudar, dentre outras coisas, a produzir os espermatozoides, que são parte da estratégia do nosso corpo na confecção de um bebê. Mas sobre isso, vamos falar quando chegar a hora do sistema reprodutivo.

## CURIOSI-DADOS

- O corpo humano fabrica quase trinta tipos de hormônio. Um cardápio maior que muita lanchonete das boas, hein?

- Cada hormônio sabe direitinho aonde ir, qual é o seu alvo. Quando ele chega lá, é *pá-pum*: se encaixa num receptor, como se fosse uma chave se metendo no buraco de uma fechadura. E é assim que ele entrega o seu recado.

- A palavra hormônio vem da língua grega e quer dizer "o que coloca em movimento". Ou seja, o que chega causando e botando a coisa para trabalhar.

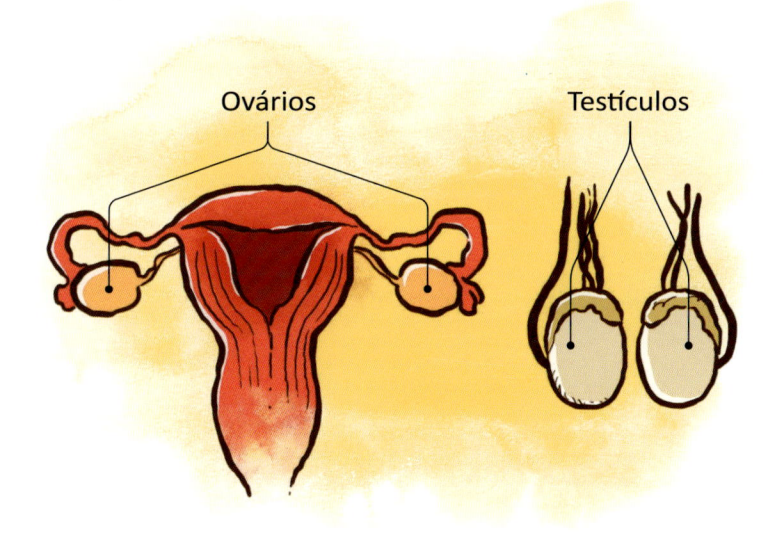

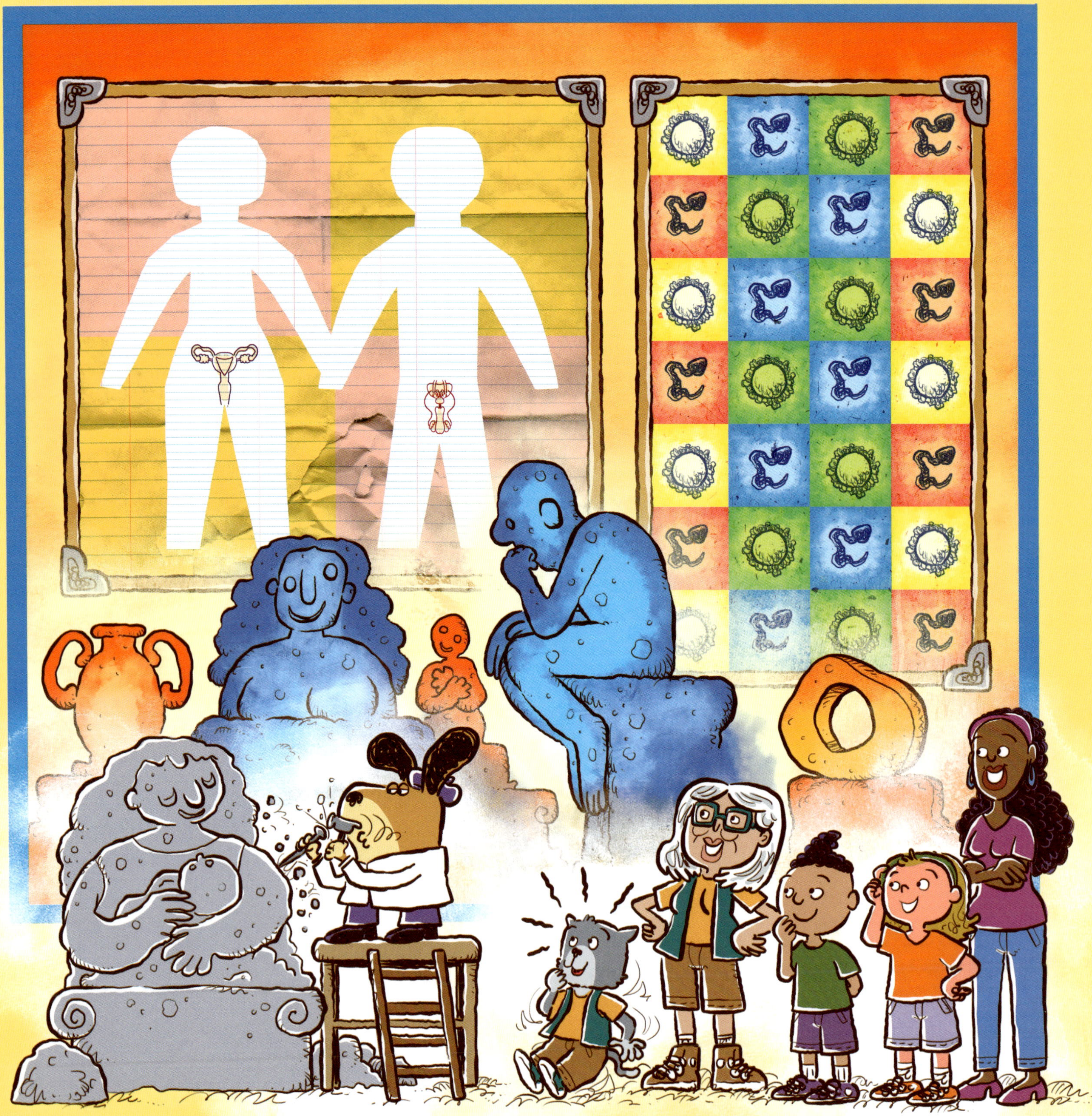

## ROTEIRO 10

# O MULTIPLICATIVO SISTEMA REPRODUTIVO

Esta é a única parte do corpo que não cuida da nossa sobrevivência individual. O assunto principal dela é a manutenção do nosso coletivo, da multiplicação da espécie humana. Outra coisa exclusiva do sistema reprodutivo é a diferença dos seus equipamentos no corpo do sexo feminino e no corpo do sexo masculino. Mas bora ver como é isso tudo por dentro!

### GAMEI NOS GAMETAS!

Os **gametas** são células que vêm preparadas para dar o *start* no surgimento de um bebê. O **óvulo** é o gameta do corpo feminino, e o **espermatozoide** é o gameta do corpo masculino. Os dois são totalmente distintos, moram em diferentes endereços, mas às vezes dão de se encontrar para fazer uma multiplicação.

Ah, os gametas são coisinhas muito fofas! O óvulo bota respeito, viu, porque é a maior célula do corpo humano e dá para ser visto sem nem precisar de um microscópio. Já o espermatozoide é um grãozinho, se comparado com o óvulo, pois é 25 vezes menor. Além disso, o óvulo está mais para redondo, enquanto o espermatozoide tem cabeça, miolo e um rabicó que se requebra todo para fazer pequenas viagens.

## COMO FUNCIONA NAS MINAS

O sistema reprodutor feminino fica concentrado entre o umbigo e as pernas. O **ovário** vem em dupla, com uma pelota de cada lado. Ali é a casinha dos óvulos. Se bem que os ovários não são só residência. Eles também produzem e disparam hormônios importantes e estão ligados ao **útero** por duas estradinhas conhecidas como **tubas uterinas** (ou **trompas de falópio**).

Os óvulos ficam quietinhos no ovário até a adolescência, quando são ativados pelos hormônios. Aí, mais ou menos uma vez por mês, um óvulo é colocado na roda, pegando a estrada das tubas. Caso aconteça o encontro com um espermatozoide, as duas partes podem criar o começo de um bebê. Mas, se nenhum espermatozoide entrar na área, o óvulo vai ser colocado para fora por meio da menstruação.

Quando os dois gametas se encontram e o espermatozoide fecunda o óvulo, o conjuntinho se instala no útero e as células começam a se multiplicar, formando, aos pouquinhos, um bebê. Como o útero é uma residência com paredes elásticas, o bebê vai crescendo e ele vai se esticando e esticando.

Abaixo do útero existe uma espécie de portinha, o **cérvix**. Ele serve para a entrada do espermatozoide no útero e também para a saída do bebê na hora do nascimento.

Depois do cérvix vem a **vagina**, que é um canal meio comprido e que também tem capacidade elástica. Esse tubo é a rota de entrada de espermatozoides e de saída de bebês em partos naturais.

**APARELHO REPRODUTOR FEMININO**

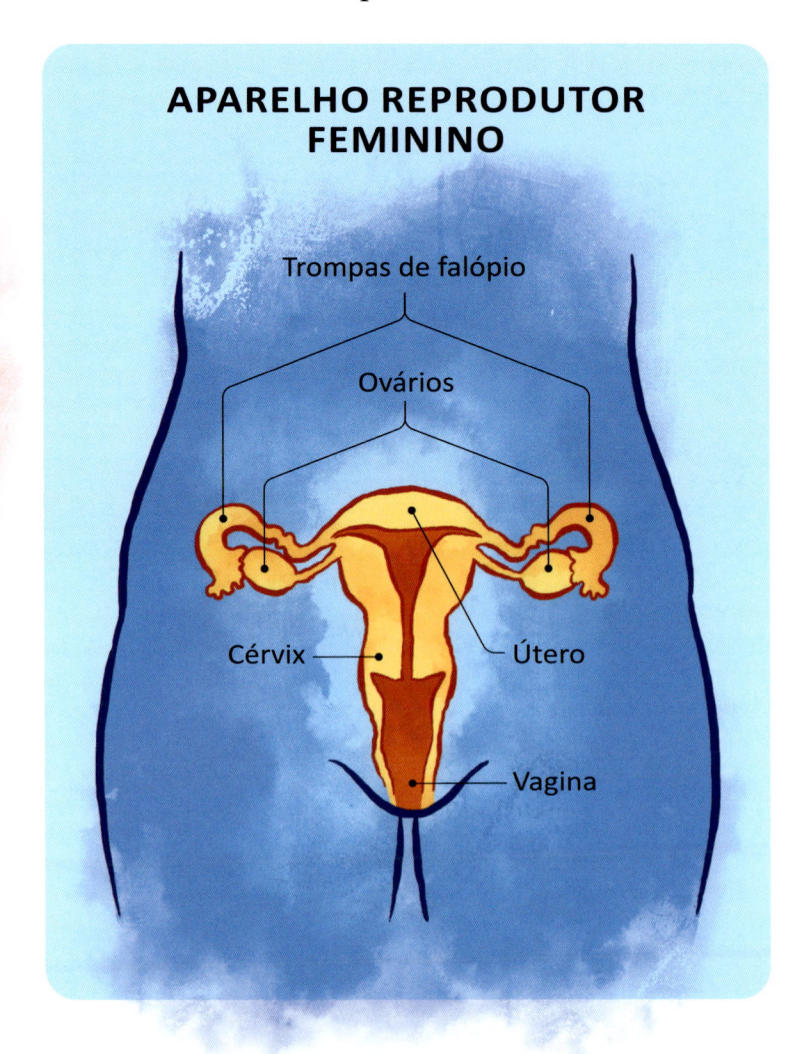

- Trompas de falópio
- Ovários
- Cérvix
- Útero
- Vagina

## COMO FUNCIONA NOS MANOS

Nos homens, o equipamento que faz nossa reprodução é bem diferente, apesar de também ficar entre o umbigo e as pernas. Do lado de fora, vem o **pênis**, acompanhado de uma bolsinha, o **saco escrotal**.

O saco, por sua vez, abriga os **testículos**, responsáveis por fabricar os hormônios e os espermatozoides, que depois ficam estocados mais em cima, num depósito.

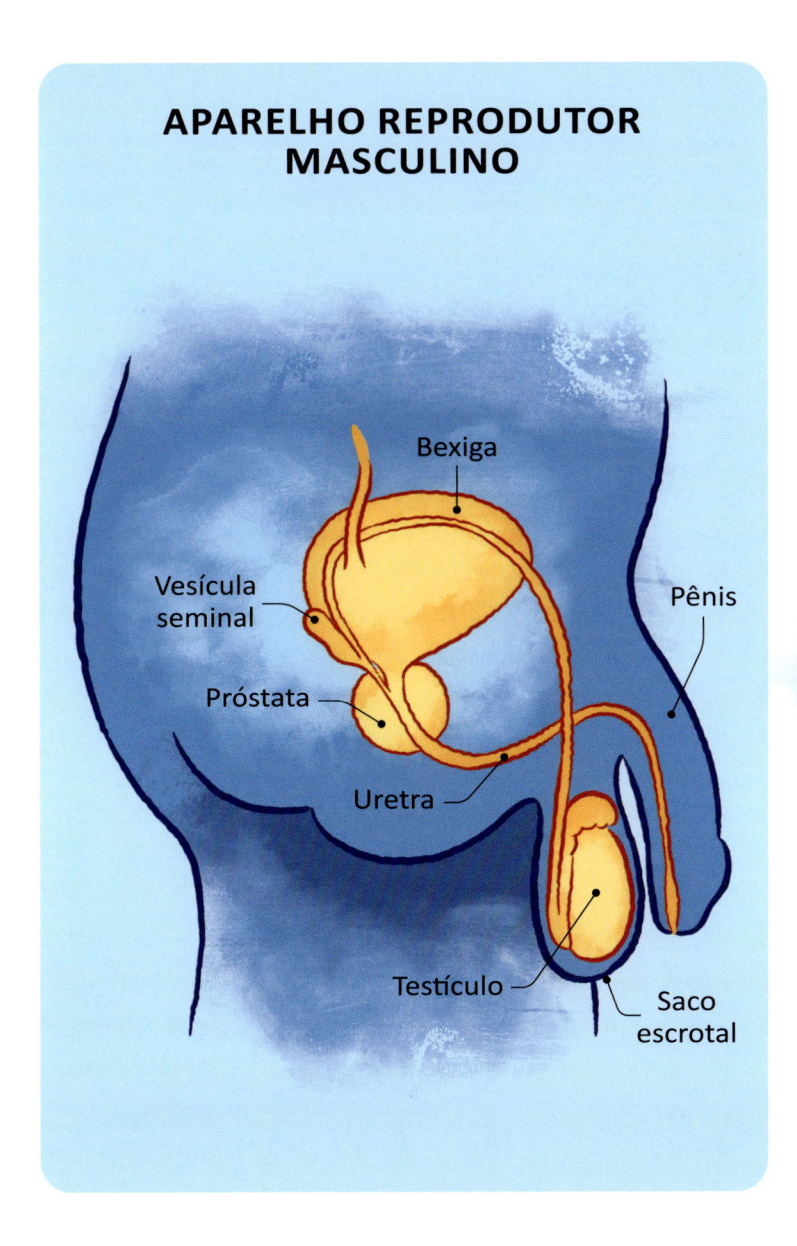

Esses armazéns são ligados a um tubo que sobe ao redor da bexiga e se conecta à **vesícula seminal**. Esta é uma glândula produtora de um fluido que é jogado no tubo que segue adiante para receber outra carga produzida pela **próstata**.

O conjuntinho formado pelos espermatozoides mais esses outros fluidos é o **esperma** ou **sêmen**. E quando chega a hora de lançar isso tudo para fora, a **uretra**, que é o canal usado para descartar o xixi reunido na bexiga, fecha o portão da urina, deixando o caminho livre para o esperma sair por ali.

Nesse instante, vários músculos entram num sistema de contração e relaxamento, empurrando o sêmen para fora. Essa movimentação e mais uns outros truques de acúmulo de sangue nos vasos sanguíneos ali da área fazem acontecer então a **ejaculação**, que é o momento exato em que o esperma sai mesmo, e em pequenas doses.

**APARELHO REPRODUTOR MASCULINO**

> UÉ, MAS OS ESPERMATOZOIDES NÃO SABEM NADAR? PRA QUE TUDO ISSO, GENTE?

> COISAS DA VIDA: O ESPERMATOZOIDE SÓ ATIVA A SUA ESPERTEZA NADADORA DEPOIS QUE É LANÇADO PARA FORA DO HOMEM E ENTRA EM OUTRO CORPO. SÓ AÍ ELE SAI MOVIMENTANDO O RABICÓ TENTANDO ACHAR UM ÓVULO.

Agora, a parte mais espantosa disso tudo é que, no momento da ejaculação, o pênis fica mais rígido, sai da posição de pendurado para baixo e se espeta para cima. Tudo isso porque ele recebe uma carga extra de sangue nos vasos sanguíneos da região, o que o faz inchar e, assim, ficar mais preenchido por dentro, menos macio, mais duro. Mas esse efeito é temporário, e loguinho depois ele volta à posição de sempre.

### DETALHES ESPECIAIS

- Vimos que o pênis usa o mesmo canal da uretra para lançar esperma e liberar o xixi. Já nas mulheres, o canal da urina é usado só para isso mesmo. E esse furico do xixi fica entre a abertura da vagina e o clitóris.

- Da adolescência em diante, o comum é o corpo do homem produzir espermatozoides para o resto da vida. No corpo da mulher não é assim: ele vem ao mundo já com um número de óvulos definido. A gente viu que, a partir da adolescência – a idade varia para cada menina –, uma vez por mês um dos ovários libera um óvulo para o útero. E, no total, são uns quatrocentos que entram nessa rota. Quando acaba, acabou mesmo – e a idade em que isso acontece também varia.

- Todos os seres humanos têm mamas no peito, mas as do sexo feminino crescem na adolescência. E, quando uma mulher coloca uma criança no mundo, uns hormônios são disparados, dando a ela o poder especial de produzir leite nessa área. Isso é muito prático porque se trata de uma refeição que tem tudo de que um bebê precisa para crescer.

— É ISSO AÍ: VOCÊ COMPLETOU TODOS OS PASSEIOS OFERECIDOS PELA AGÊNCIA DE VIAGENS ANA TOMIA!

— ESPERO QUE TENHA GOSTADO E RECOMENDE OS NOSSOS ROTEIROS PARA OUTRAS PESSOAS. E, QUANDO QUISER REVER QUALQUER COISA, VOLTE! É PRA ISSO QUE ESTAMOS AQUI.

— NÃO SE ESQUEÇA TAMBÉM DE CUIDAR SEMPRE MUITO BEM DO SEU CORPO E FAZER BOM USO DE TUDO O QUE ELE TEM. FORTE ABRAÇO!

Agência de Viagens Ana Tomia

## FAÇA JÁ O SEU PUM! PLANO DE USO MEU

VIU COMO SEU CORPO É UMA MARAVILHA AMBULANTE? NÃO SE ESQUEÇA ENTÃO DE CUIDAR DESSE COLOSSO COM MUITO CARINHO.

PARA DAR UMA FORÇA, CONVIDAMOS VOCÊ PARA COMEÇAR A FAZER UM PUM (PLANO DE USO MEU). VEJA AQUI AS DICAS DOS HÁBITOS QUE VOCÊ PODE INSERIR AGORA E SEMPRE NA SUA VIDA. LEMBRANDO QUE O MAIS IMPORTANTE É FAZER MUDANÇAS QUE VIREM HÁBITOS. SABE COMO É? E SE MANTER FIRME NO SEU PUM PARA MULTIPLICAR OS EFEITOS DE UMA VIDA GOSTOSA E SAUDÁVEL.

## Sistema tegumentar

- Não cutuque casquinha, espinha, bolha... Em geral, o corpo se resolve sozinho. Se não resolver, bora investigar com especialistas no assunto.
- Em dias de sol, use boné para ajudar a proteger a pele do rosto e passe protetor solar no corpo todo. Ah, prefira ainda camisetas de manga.
- Na hora da brincadeira ou do esporte, use cotoveleira, joelheira, caneleira, meia grossa esticada... Tudo isso é melhor do que arranhão ardido!

## Sistema digestório/excretório

- Tome bastante água todo dia e coma frutas.
- Suco? Apenas natural, sem açúcar, consumido logo depois do preparo.
- Treine seu intestino: separe um horário para ficar tranquilo no banheiro e fazer seu serviço todo dia (e sem a companhia de celular!).
- Respeite a vontade de urinar. Nada de ficar segurando demais.
- Mexa-se! Movimentar o corpo ajuda inclusive a não ficar com a barriga cheia de pum.

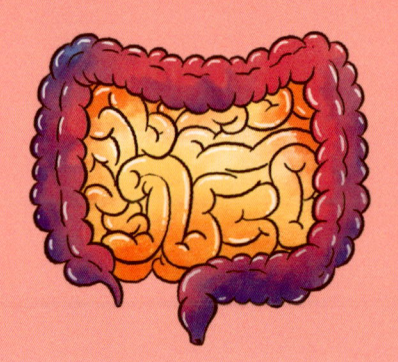

## Sistema esquelético

Osso bom é osso forte, que exige:
- Comida de verdade, rica em cálcio (leite, feijão, espinafre, brócolis...).
- Vitamina D, que você consegue de graça ao tomar sol (nos horários certos, para não virar um pimentão).
- Movimentação. Todo dia, pelo menos uma hora de agito.

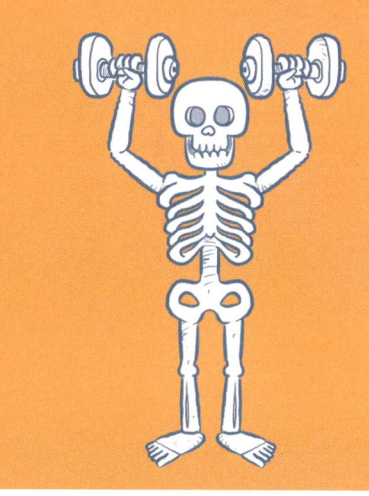

## Sistema imune

- Tome as vacinas, porque é como conseguir de graça um intensivão de combate a doenças. Assim seu sistema imune fica poderoso e atualizado com as últimas novidades.
- Nada de meter borracha, lápis, tampa de caneta, dedo e sei lá mais o que na boca, para não dar carona boba para doenças chatas.
- Lave bem as mãos sempre, com água e sabão. Em especial antes de comer e depois de fazer xixi ou cocô. Plano B? Aquela porção de álcool gel 70%.

## Sistema muscular

- Lembra dos sessenta minutos de agito, de atividade todo dia? Vale dançar, correr, jogar bola, pular corda, se arrastar pelo chão, esticar as pernas e braços...
- Músculo precisa de proteína para crescer e de carboidrato para ter energia. Lembrando que comida, quanto mais de verdade, melhor, e quanto mais industrializada, pior.

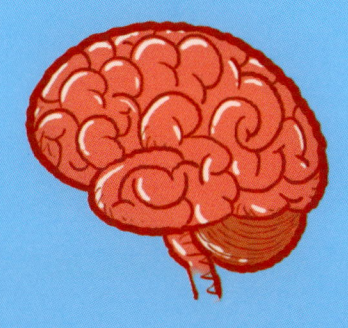

## Sistema cardiovascular

- Aqui também valem aqueles sessenta minutos diários de pula, agita, corre, sua, joga bola, sobe morro, desce escada, pega-pega, esconde-esconde, divirta-se e faça tudo de novo!
- Coma verduras, frutas, hortaliças e beba bastante água. Nada de muito refrigerante, salgadinho, bolacha, bala... porque tudo isso é inimigo disfarçado de gostosura.

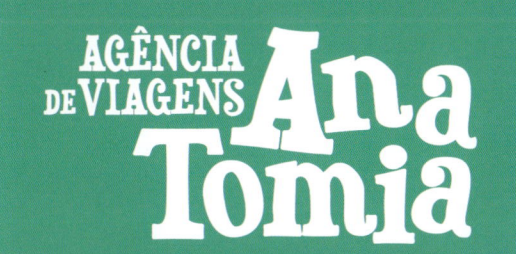

## Sistema respiratório

- Aquela movimentação suada e diária faz o pulmão trabalhar em sua melhor forma.
- Não se esqueça de beber água, hein? Em especial quando o tempo estiver seco e poeirento.
- Mantenha a limpeza do ventilador e do ar-condicionado em dia. Plantinhas em casa também ajudam na boa qualidade do ar.
- Fumar ou inalar fumaça dos outros é PÉSSIMO para o seu corpo, mas, em especial, para o seu pulmão.

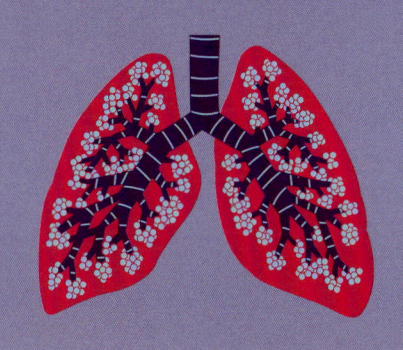

## Sistema nervoso

- É difícil, mas é verdade: para dormir mais rapidinho e melhor, o lance é largar celular, tablet, TV pelo menos uma hora antes de cair na cama. Experimente!
- Inclua nos seus dias um tempinho para relaxar sem nada de eletrônico. Pode ser ioga, meditação, fechar os olhos e ouvir uma música calma enquanto espreguiça gostoso o corpo...
- Qualquer chance que surgir de curtir a natureza, agarre! Árvore, passarinho, silêncio, riacho, vento, grama, solzinho... tudo isso ajuda a gente a desestressar.

## AGÊNCIA DE VIAGENS AnaTomia

## Sistema endócrino

- O que você come ou bebe pode ajudar ou atrapalhar o funcionamento do seu sistema endócrino. Sal é melhor em quantidades pequeninas e o mesmo vale para gorduras e açúcar.
- Então, o negócio é tomar bastante água todo dia e comer comida de verdade. Dê preferência à fruta no lugar do suco.
- Outro lance é dormir direitinho. Você nem imagina quanta coisa o corpo conserta, produz, acerta, regula e tal enquanto você está naquele sono profundo do bem!

## Sistema reprodutivo

- Esse pedaço do seu corpo é só seu e apenas com a sua permissão total e verdadeira pode ser tocado!
- Tem que lavar direitinho e todo dia com água e sabão. Ah, precisa trocar de cueca/calcinha também: sai a suja, chega a limpa.
- Meninas, atenção: depois de fazer cocô, na hora de limpar o bumbum, use o papel higiênico sempre de baixo para cima e da frente para trás. Assim a gente evita que alguma sujeirinha cause uma infecção urinária.

## PONTO MAIS QUE FINAL

Tem sempre alguns pontos importantes para mim a cada livro novo que faço. O primeiro é que, para escrever tudo isso, eu leio muito, muito, e pesquiso ainda mais. No caso do *Ana Tomia – Um passeio divertido pelo corpo humano*, consultei com prazer o *Manual Merck*, a Khan Academy, alguns vídeos sensacionais preparados pela turma do TED-Ed, o material educativo da Mayo Clinic dos Estados Unidos, do NHS do Reino Unido, artigos do National Center for Biotechnology Information dos Estados Unidos, da revista *Nature* e do Ministério da Saúde do Canadá. Entraram na dança ainda os livros: *Anatomy & physiology*, publicado pela Rice University (Estados Unidos); *Concepts of biology*, organizado pela BCCAMPUS do Canadá; *Anatomy & physiology for dummies*, assinado por Erin Odya e Maggie A. Norris; além do delicioso *The body: A guide for occupants*, do Bill Bryson. Bom, tudo isso e mais um bocadão de livros infantis em inglês e francês. Mas, mesmo estando assim com os pés fincados em fontes bem peso-pesado, gosto sempre de lembrar que o objetivo do que escrevo é introduzir aos pais, professores, crianças e adultos um pouco do lado de dentro do nosso corpo na esperança de inspirar e despertar a curiosidade da galera, para que todo mundo queira aprender e conhecer mais sobre si mesmo, sobre como o seu corpo funciona.

O segundo ponto é sobre a maneira como escrevo e quem me ajuda nessa empreitada. Eu escrevi este livro no meio da baderna geral da pandemia de covid-19, entre 2020 e 2021, ao mesmo tempo que lançava um canal de vídeos divertidos de ciência no YouTube, o Explicatricks. E foi ótimo estar concentrada em produzir um material sobre assuntos importantes para a saúde de todo mundo justamente quando a gente estava pirando para aprender rapidão como lidar com um vírus tão perigoso.

Para tornar isso possível, contei no dia a dia com o apoio enorme e feliz da Magda, da Aga, dos gatos Nit, Gatinha (é o nome dela mesmo!) e Lilith, além da tartaruga Tony. Também recebi o carinho e a prosa pra lá de boa dos meus irmãos Dodora, Lufá e Lucé, dos meus sobrinhos Lucas, Oliver, Nicholas, Victor e Erick, e das cunhadas Rachel e Emília.

Minhas amigas Maya Sangawa, Claudia Regina Lindgren Alves e Karla Cury também colaboraram até sem querer querendo! E foi uma delícia conhecer e trocar informações com as professoras Claudia Reis, do Colégio Pedro II, no Rio de Janeiro; Narayana e outros professores e alunos do 4º ano do Colégio Loyola, de Belo Horizonte; e ainda com um quarteto de pedagogas Noronha: Ana Catharina, Ana Paula e Cristiane – sem falar na grã-pedagoga Thália. Um abraço especial segue ainda aqui neste parágrafo para a Isabela, o Samuel e a Mariana.

E, para encerrar, eu queria deixar um abraço gordo e gostoso para as crianças que eu, de algum modo, acompanho ao menos um tiquinho, como é o caso do Brunão Prates e do Jamie Hayward, no Canadá; da Rafaela, lá na Bélgica; do Tate e do Dante, na Austrália; do Lucca, em Minas Gerais; e da Tetê da Bia e do Tiê da Raquel, em São Paulo. Escrevo muito pensando nessa turminha que está chegando e crescendo.

Enfim, agradeço a quem me publica e a você, que me lê. É uma honra e tanto te ter aí na outra ponta, sabia?

## FÁTIMA MESQUITA

Rir, ler, comer, pesquisar, bater papo, cantar, ter ideias, aprender, compartilhar, ver filmes e séries, ir ao teatro, contar casos e escrever – essas são algumas das coisas que eu mais amo fazer na vida. E foi daí que nasceram dez livros que passeiam num clima de pura diversão pela história, ciência, ecologia, direitos humanos e, em especial, pelo corpo humano. Quatro desses livros, além de fazerem sucesso aqui no Brasil, ganharam também versões lá na China, enquanto outro circula felizinho na Alemanha, *kapiert*?

Também me divirto muito estudando e criando as notinhas informativas que facilitam a leitura na famosa coleção de clássicos da literatura nacional e internacional da editora Panda Books. E, logo no começo da pandemia, ainda me juntei com uma jornalista amigona minha, a Maya Sangawa, para fundar uma produtora de conteúdo, a Explicatricks, que você pode conferir no Instagram, no Facebook e no YouTube.

Ué, quer saber mais? Ah, vivo entre o Brasil e o Canadá e já fiz muita coisa diferente, desde ser lanterninha de teatro infantil até dirigir projetos de mais de 1 milhão de dólares para o governo do Reino Unido, passando ainda por muitos trabalhos em rádios, TVs, produtoras de vídeo, revistas e jornais, como o BBC World Trust, o Discovery Channel e muitos outros.

## FÁBIO SGROI

Eu desenho. E, sempre que faço isso, as falanges dos meus dedos, que estão ligadas ao metacarpo e ao carpo da minha mão, seguram o lápis, enquanto o rádio, a ulna e o úmero do meu braço, articulados com a minha escápula, deslizam pela mesa em movimentos sincronizados, comandados pelo meu sistema nervoso. Às vezes, de tanto ficar sentado, uma dorzinha começa a espetar na região posterior do quadril (conhecida como coluna lombossacral), desce pelas pernas e chega até os... EI, ESPERE UM POUCO! Como foi que eu, um cara que só fica desenhando, aprendeu tanta coisa sobre o corpo?! Ilustrando os livros da Fátima Mesquita, ora!

O curioso é que, vira e mexe, eu acabo tendo que ilustrar cocôs de tudo quanto é tipo. Duvida? Dá uma olhada lá na página 38! É por causa disso que eu vivo dizendo que só faço caca nos livros da Fátima.

Fora os cocôs, também já ilustrei livros de vários outros escritores. E como eu não costumo parar quieto, ainda escrevi alguns livros, como *Ser humano é...: declaração universal dos direitos humanos para crianças*, *Como o vovô vem nos buscar?*, *Bichos* e *Um sonho de passarinho*, entre vários outros.

Além disso, dou aulas de design, artes, arquitetura e jogos em universidades. Quer conhecer outros trabalhos meus? Então acesse: http://fabiosgroi.blogspot.com.